作·餐具

手造溫暖 木作叉匙碗盤的自然質感日常

西川榮明
Nishikawa Takaaki

附錄木材特性簡介
木工道具使用技巧

前言

本書介紹了各式各樣由木工作家製作而成的木餐具以及器皿、食盒等。以下將簡單列出本書的幾大特色。

1 木工作家親手製作的木製品

主要收錄由獨立木工作家原創設計，並製作成形的木製作品。不僅有作家親自試用作品的使用情況，還聽取家人及顧客使用過後的意見與感想，每件作品皆是完成度極高的一時之選。當然，這些全部都是木製作品，絕非進口商品或工廠大量生產的製造品。書中可以見到所有作家的照片，作品出處也都一清二楚。

如有感興趣的作品，不妨上網搜尋作家的官網洽詢購買，或前往販售作品的經銷商店親手把玩欣賞。

2 了解木工作家的想法

本書並非只是單純地介紹作品，還包括深入了解木工作家們一貫的理念，以及為什麼會製作這類作品的來龍去脈等，試著一窺製作者的創作思路，能讓讀者更清晰了解作品誕生的背景。

3 真實呈現所謂的日常用品

木餐具是屬於日常「使用」的道具。由於並非藝術鑑賞作品，所以刊載了許多實際使用的場面。承蒙作家本人與其家人的協助，作為模特兒呈現出書中的用餐等情境。

4 各位讀者也嘗試動手製作吧

為了滿足希望能製作專屬木製湯匙、餐叉的讀者，本書特別企劃了「動手作作看」單元。有請木工作家仔細指導，即使是木工初學者也能順利完成木餐具的製作。

此外，對於還不熟悉木工刀具操作的讀者，請在作業進行時務必多加小心留意。

那麼，先讓我們來定義所謂的「木製餐具」這個詞彙吧！這裡的餐具，主要是指英語的Cutlery，意即「餐桌上使用的金屬製湯匙、餐叉、餐刀等總稱」。若以此來解釋「木製餐具」，自然就是指木製的湯匙、餐叉、餐刀等器具。

然而，在這本書裡稍微擴大了這個詞彙的釋義範圍，涵蓋了包括餐桌或廚房周邊所使用得到的木製餐用道具。意思就是說，諸如抹刀、飯勺、筷子&筷架、奶油盒、茶罐、便當盒、木碗、托盤等也將一併登場。

接下來，請一面感受木製餐具的美妙，一面輕鬆閱讀吧！

＊本書為誠文堂新光社2009年10月發行之《手づくりする木のカトラリー》的增補改訂版，新增兩位創作者的介紹，以及「樹種別・木工道具使用方式＆技巧」等單元之後重新出版。

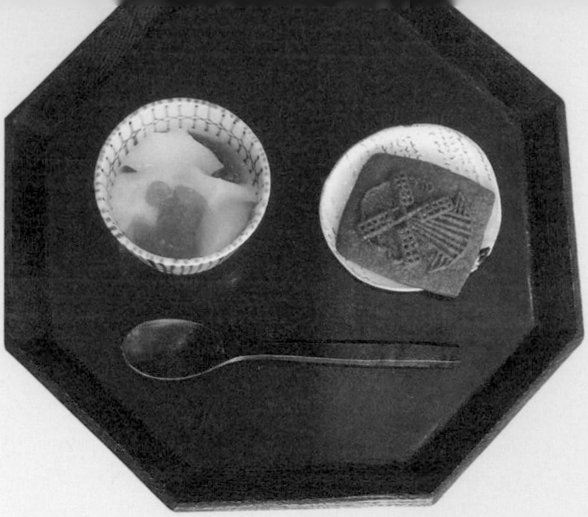

作・餐具
手造溫暖 木作叉匙碗盤的自然質感日常

INDEX

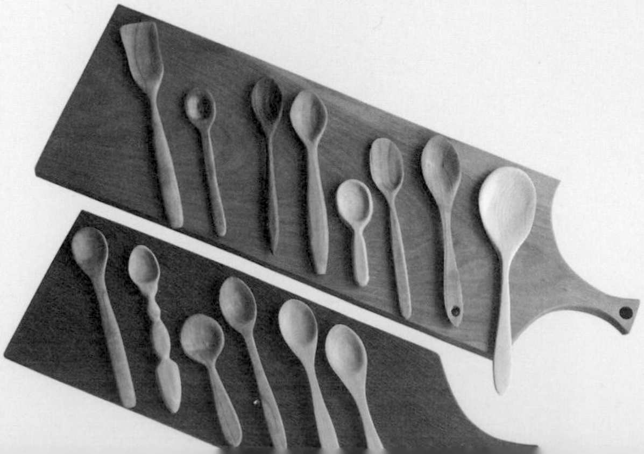

DATA

第1章

湯匙、木匙

Spoon

ご来店ありがとうございます。

為了享用時更顯美味　一刀一鑿打造出柔美動人的線條

さかいあつし之匙

匙之人①

商號名稱直截了當地取名為「匙屋」。起初一頭栽進創作之後的落腳處，是奧多摩檜原村的小聚落。那個地方的鄰居之間不以名字稱呼，而是習慣以從事工作的店名來打招呼。例如，經營鐵工廠或鐵匠鋪的就叫「鍛冶屋」。製作湯匙的さかいあつし先生，自然就被稱為「匙屋」了。

轉眼間十幾年過去了。在保留著濃厚武藏野風貌的國立市住宅區裡，開設了一間自宅兼工作室的湯匙店（＊）。製作的湯匙種類約有二十種，就算是

さかいあつし

1969年出生於愛知縣。原本是上班族，1994年開始進行木工小物藝品的創作活動。1995年開始製作湯匙，並將商號取作「匙屋」。1999年於東京都國立市成立工作室。

＊2013年8月將自宅兼工作室遷至岡山縣瀨戶內市。

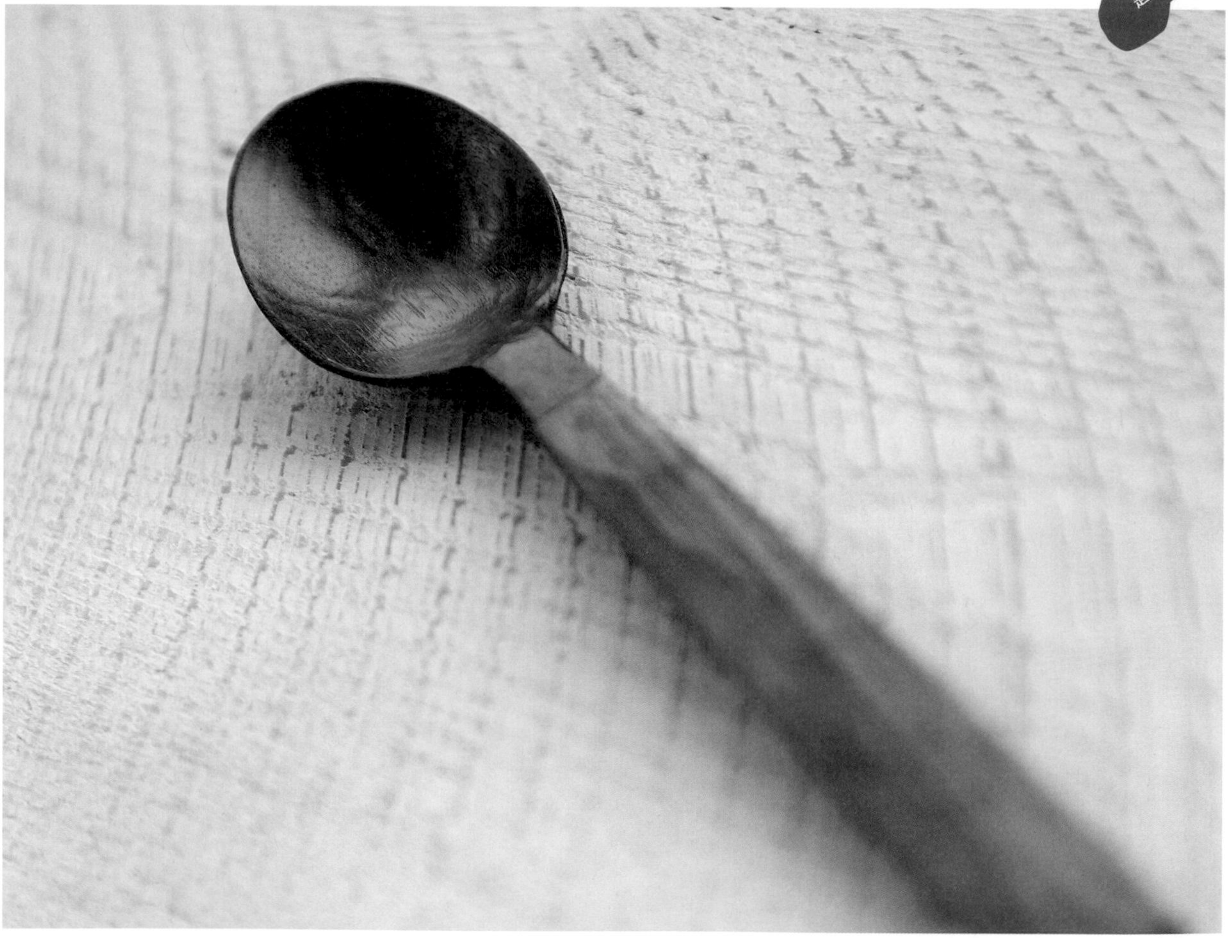

相同的樣式，也會再細分成大、中、小的尺寸。

「乍見湯匙，就能令人立刻聯想到今天的餐點。想作可以喚起好想品嘗美味的餐點啊～這種心情的木匙。」

這是さかい先生每天埋首創作時，一邊於內心勾勒的湯匙模樣。

「藉由增添幾分柔美動人的線條，是不是會讓人更加食指大動呢？相較於以通直銳利的輪廓塑造出精緻感，我想就算稍微土氣點也沒關係，是可以不拘小節、大口吃飯的湯匙。這般豪邁的感覺，比起所謂的素食料理，應該更適合肉類料理吧……」

話雖如此，卻也並非像是粗獷大啖肉食的牛仔那種印象。上漆塗裝洋溢著日式氛圍，但是又不限於和食專用。

舉例來說，比如匙屋的招牌款式「結果之匙」（実から出た匙），無論用來吃咖哩或喝濃湯皆適宜。使用了兩種木料，握柄有一半以上保留著劈鍥削切而呈現的自然風格。

「黑豆皿」，材質為銀杏木。

「裝飾之匙」，因為沒有適合搭配西式茶具杯盤的木湯匙，所以就試著作了一支茶匙。

嵌在匙柄末端的小立方體是黃銅，圓形的則是玻璃製的琉璃珠。

「Go！Go！Spoon」，想在匙柄處加入一些玩心，於是就以車子、烏克麗麗、飛機為概念作出造形。是深受父母與小朋友喜愛的人氣湯匙。

匙屋店內不只展示湯匙，還陳列了許多玻璃器皿或陶瓷器等（東京・國立市的匙屋　攝於2009年7月）。

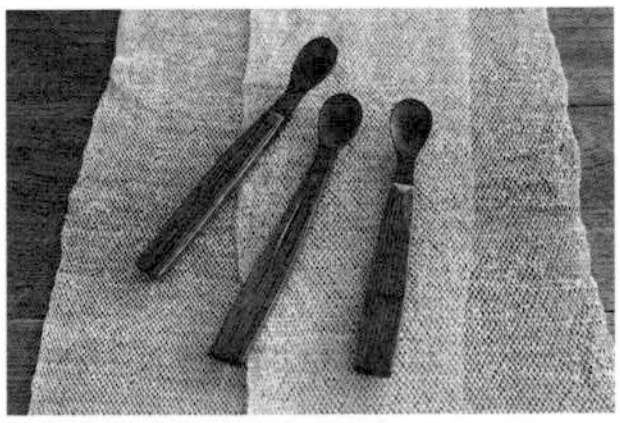

「最初之匙」是由黑胡桃木與栗木製作而成的嬰兒湯匙。

＊P10～13的刊載內容，是さかい先生仍居住於東京時的採訪資料。

「製作過程中會出現過度削切木料的情形。於是留下劈鍥恣意刻畫的痕跡，展現木材最原始的表情。同時也具有削弱作家執著心的效果」。

說到削弱作家的執著心。妻子かよ女士的直率感想，也在這件事上擔任著重要任務。「這邊，再多削一點比較好吧？這個，不覺得有點太大了嗎？」諸如此類。更甚者，還有「根據當時的心情，明明是製作相同樣式的湯匙，完成品卻出現微妙的差異。『你是在恍神中完成的喔』、『你到底有沒有心作為一名湯匙木匠啊？很想問問你手上的那些湯匙欸』也經常被這樣吐槽」等等。

さかい先生的信念，就是創作自己想作的東西。

「想忠於自己的喜好去創作。前提是不去考量是否費時費工，或銷售量不佳等附帶條件，總之放手去作就是了。」

放手試作之後，與かよ女士對話的一來一往激勵之下，作品的模樣也逐漸成形。さかい先生認為，製作完成的湯匙交由顧客自由發揮就好。若能讓顧客美味地享用料理，那就更好了。

「根本算不上是美術工藝的範疇，更別說漆藝家什麼的。大概屬於雜貨工藝這個等級吧？」さかい先生如此定位自己。嚴格說來，既不是手工藝品作家，也不算木工職人，更非雕塑藝術家或漆藝家。果然，さかい先生就是匙屋，只有匙屋這個稱號最為貼切。

在點心時間品嘗杏仁豆腐的さかいあつし先生（右）與かよ女士。

八角盆（托盤）與銘銘匙。

沙拉叉匙組。材質為櫻木，長31cm。

以小匙舀出鹽巴，材質為銀杏木。

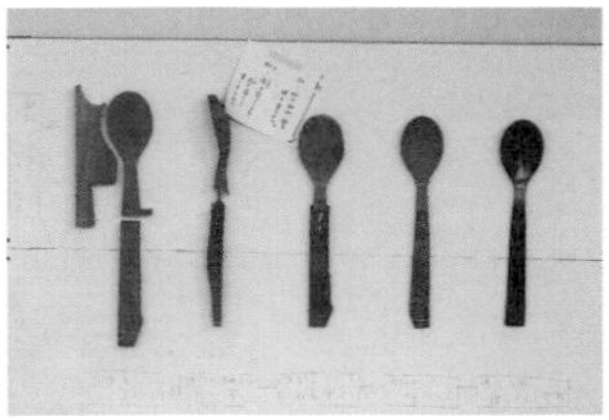

「結果之匙」的製作過程。由左至右。

上漆塗裝湯匙的さかい先生。

「結果之匙（実から出た匙）」。

在工作室削切湯匙的さかい先生。

堆積在工作室木架上的黑胡桃木等木料。

輕薄順手好用
簡約俐落的優美造形

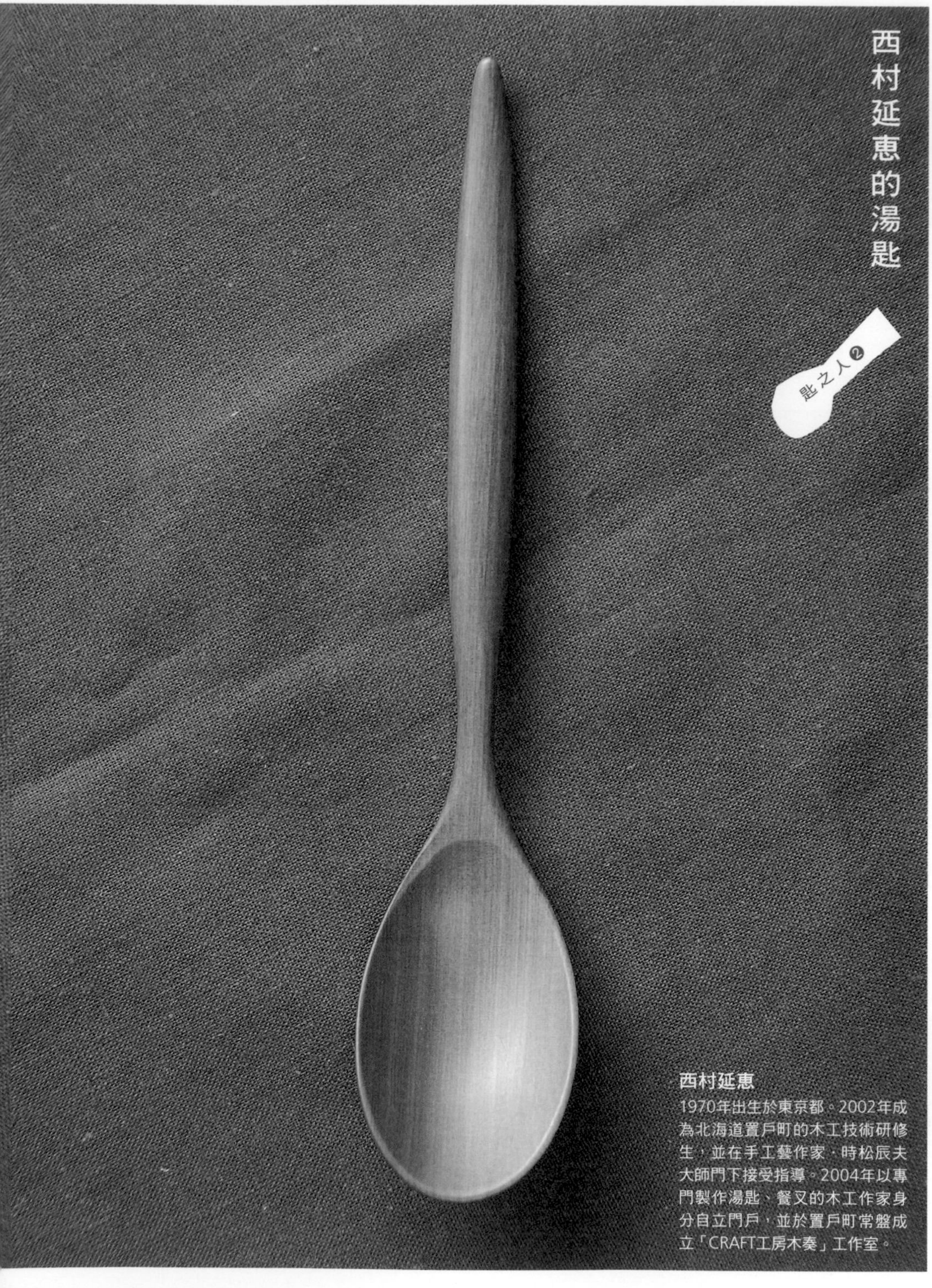

西村延惠的湯匙

匙之人❷

西村延惠

1970年出生於東京都。2002年成為北海道置戶町的木工技術研修生，並在手工藝作家．時松辰夫大師門下接受指導。2004年以專門製作湯匙、餐叉的木工作家身分自立門戶，並於置戶町常盤成立「CRAFT工房木奏」工作室。

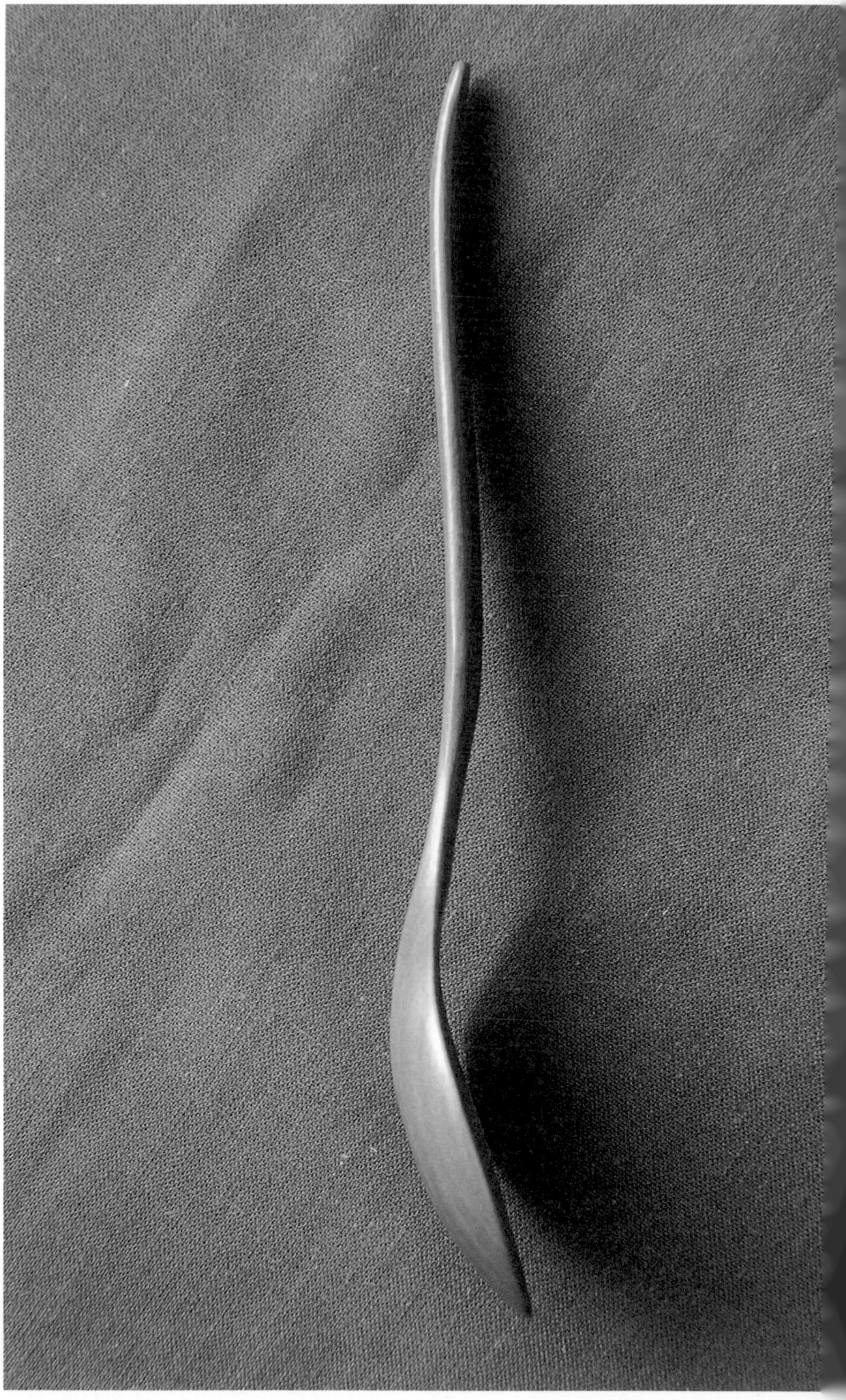
西村女士製作的標準型湯匙

極其自然地滑順進入口中，不過於強調本身的存在，只是盡責地完成湯匙本身被賦予的任務。簡約俐落的造形，想必無論擺放在何種風格的餐桌上，都能自然而然地融入其中吧？

然而，這並非代表它是完全實用而不講求時尚的僵硬呆板之物。雖然匙身沒有附加任何醒目的裝飾品，但簡約線條形成的模樣卻博得了好感。西村延惠女士創作出的湯匙，實在非常好用。

「湯匙的匙斗前端為削薄設計。正因為很薄所以很好用，很多人都這麼稱讚呢！」

但若是削得太薄，變得太過脆弱也不行，這部分的拿捏就是湯匙製作的困難處。以湯匙的形狀而言，頸部可說是等同於「命脈」的所在。「湯匙頸部的線條一定要削得漂亮。首先決定好宛如頭部的圓形匙斗形狀，再往頸部延伸。我一直很在意匙斗底部，以及與頸部相連處的厚

於工作坊製作湯匙的西村延惠女士。

於自宅陽光室進行乾燥處理的木材。

包含湯豆腐專用的開孔湯杓等，皆為西村女士製作的湯匙。

度。如果匙面的木料削得不夠多，會讓人有肥厚的感覺。現在的我已經不需要考慮太多，雙手已經能記憶最佳厚度了，畢竟一年之中就製作了六千至七千支的湯匙嘛。在製作之時，憑著手感就能自然成形。」

東京出生的西村女士，在經歷了外商公司與八岳山中小屋的工作之後，搬遷至北海道置戶町。就在她心想自己應該創作些什麼來維持生計時，得知了以OKE CRAFT木作藝品聞名遐邇的置戶町，正在進行木工技術研修生的制度。

「就算不是木工，不論是農業也好、陶藝也好，只要是親手製作生產的什麼都可以，我都想嘗試看看。」

在手工藝作家時松辰夫大師的指導下，完成了長達兩年培訓的西村女士，承租了牧場的一個角落自立門戶。雖然OKE CRAFT木作藝品主要是以木旋車床削切木料製作容器或餐盤等，創作者也多，但製作湯匙的人並不多。基於這樣的理由，因此決定專門從事湯匙製作。

一直以來，
自己平常就習慣
使用自製的湯匙。

「深受時松老師影響，湯匙不僅要好用，而且還必須具備美感的薰陶。於是創作也避免流於庸俗。」

如今，在木作手工藝品展覽會或北海道物產展的會場裡，西村女士的湯匙總是廣受好評，熱銷不斷。標準款式的價格為一千日圓，由於大部分作家的作品大多超過二千日圓以上，因此算是物超所值的價格。木料則是使用北海道產的樺木、櫻木、色木槭、鐵木、槐木等。

「我心目中理想的湯匙，是外觀美麗，讓使用者毫不考慮伸手就拿起來使用的物品。自我主張過強，會引起使用者困惑的湯匙，就有點不適合……餐具雖稱不上是主角，起碼也是配角，但絕對不是裝飾品。」

並非一邊從事家具製作，一邊兼作湯匙的木工作家類型。從西村女士的言談之中，不時流露出她深化鑽研湯匙，持續專門創作的自信口吻。

匙之人③

曲木工藝製作而成 離口極其滑順

富井貴志之匙

富井貴志

1976年出生於新潟縣。筑波大學碩士班休學後，前往私人機構的「森林たくみ塾」（岐阜縣高山市）受訓。2004年進入Oak Village公司，2008年於該公司辭職，以木工作家的身分獨立創業。定居於滋賀縣甲賀市信樂町，並於京都府南山城村成立工作室。2015年將自宅兼工作室遷移至新潟縣。

放置於水泥地的火爐上方，盆裡的熱水正沸騰著。估計是湯匙原型的木料正擁擠地浸泡在滾燙的熱水之中。不疾不徐地從熱水中取出一根木料，彎曲湯匙頸部作出弧度……

薄薄的木料上清晰地殘留著鑿痕，拿在手上時備感輕盈，這就是富井先生手作的木匙。是將山櫻木彎曲後製作而成的作品。

「如果以鉋削方式來製作木匙，就需要具有厚度的木料而大量使用木材。之所以會想利用曲木工藝來打造餐具，是因為能夠盡可能地以少量木料來製作。像是製作大型盤子的木料，即使在過程中發生龜裂的狀況，還是可以拿來作為匙用木料。因為就算寬度變窄還是能用。」

決定使用曲木工藝還有另一個主要理由。因為想要創作可以表現出原創性的「富井貴志的木匙」。

「其實木匙是我很久以前就想製作的品項。但是，遲遲無法作出具有自我風格的木匙，為此一直耿耿於懷，思考著究竟該怎麼作才好。最後完成的就是曲木工藝，還一併解決了木料的浪費。這款湯匙

富井先生親手製作的各種湯匙。

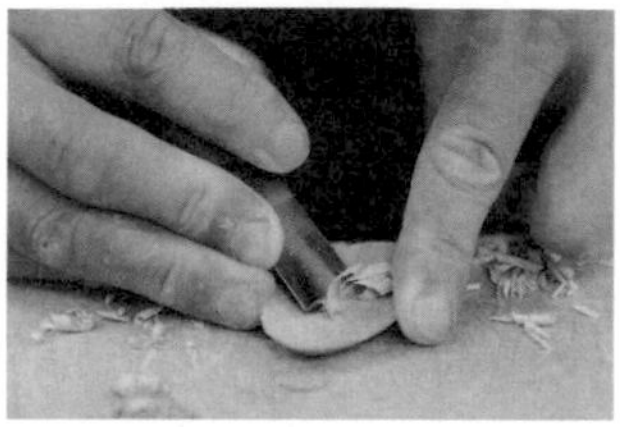

製作茶匙中。

工作室是曾為幼兒園的建築物。

描繪於板材上的各種大小匙模。能夠更有效地活用木料。

將自家的一個房間作為漆用工作間，壁櫥則改裝成晾乾面漆的乾燥室。

＊P18～21的刊載內容，是富井先生仍居住於滋賀縣（工作室位於京都府南山城村）時的採訪資料。

奶油抹刀與餐叉。

小匙與餐叉的模型。
由右至左依序為：匙名「kikumai」（掬米：盛米之意。掬的日文亦讀作「kiku」）、餐叉、匙名「chihiro saji」（千尋匙：嬰兒離乳食專用匙。千尋是女兒的名字）、匙名「kikuchichi」（掬乳：優格匙）、奶油抹刀。

「kikuchichi」。

左側是富井先生作為參考之用，昔日朝鮮半島所使用的湯匙。

將削切至一定程度的匙形木料，浸泡於熱水之中。

上方為彎曲前的平直木料，下方為彎曲後的木料。

取出浸泡於熱水中的木料，弄彎木匙頸部作出弧度。

居住於信樂町時的自宅，擁有約100年歷史的古民宅。

用餐中的富井先生一家。由右至左依序為富井貴志先生、妻子深雪女士、長女千尋。餐桌上使用的木匙、器皿，當然全都是出自於富井先生之手。

滑出口中的感覺非常好，我自認為完成了十分滿意的木匙。」

作為範本的湯匙，是朝鮮半島居民昔日使用的黃銅製湯匙。匙柄通直，用來盛舀的匙斗較淺。與其說是淺，不如說給人較為扁平的印象。

「非常具有參考價值。基本形狀都是以這支湯匙為概念，心想只要參考這個形狀，再將木料彎曲不就完成了。」

至今為止所有製作的作品當中，可以說是以湯匙作為主力的富井先生。雖然在研究所主修應用物理，但打從學生時代就已經立定將來要走木工之路的志向了。

「就讀專科時，曾經前往美國奧勒岡州的一個城鎮留學。當地林業興盛，擁有一望無際的森林。我故鄉所在的新潟縣小千谷市也是群山環繞，從孩提時代開始，我就會在山裡撿木頭回來作小東西。於是漸漸有了總有一天要使用木頭進行創作的想法……」

研究所休學之後，前往飛驒市的「森林たくみ塾」學習木工技術，接著進入家具製造商Oak Village公司服務。

「公司裡主要是以機械工作為中心。關於手工具方面，則是認識了飛驒市從事木雕的第二代當家．小坂礼之先生後，才學習到許多知識。不僅幫助我將事業走到今天這一步，還累積了無可取代的寶貴經驗。當時我還雕刻過佛像喔！」

如今，富井先生的作品在許多店家和藝廊等處展示銷售，來自全國各地的個展或聯展邀約也如雪片般飛來，其主要原因究竟為何呢？

「我認為是因為獨一無二的外形。從購買者的立場來看，首先，外形肯定是很重要的因素。再者，或許是作品的氛圍恰巧合乎現今這個時代吧？」

接著，富井先生又如此補充說道：「抱持著製作自己想要使用的物品的心態，小心翼翼地完成每一項細節，這是最重要的。」此言甚是，想必人氣的祕密應該就在這樣的細節裡吧！

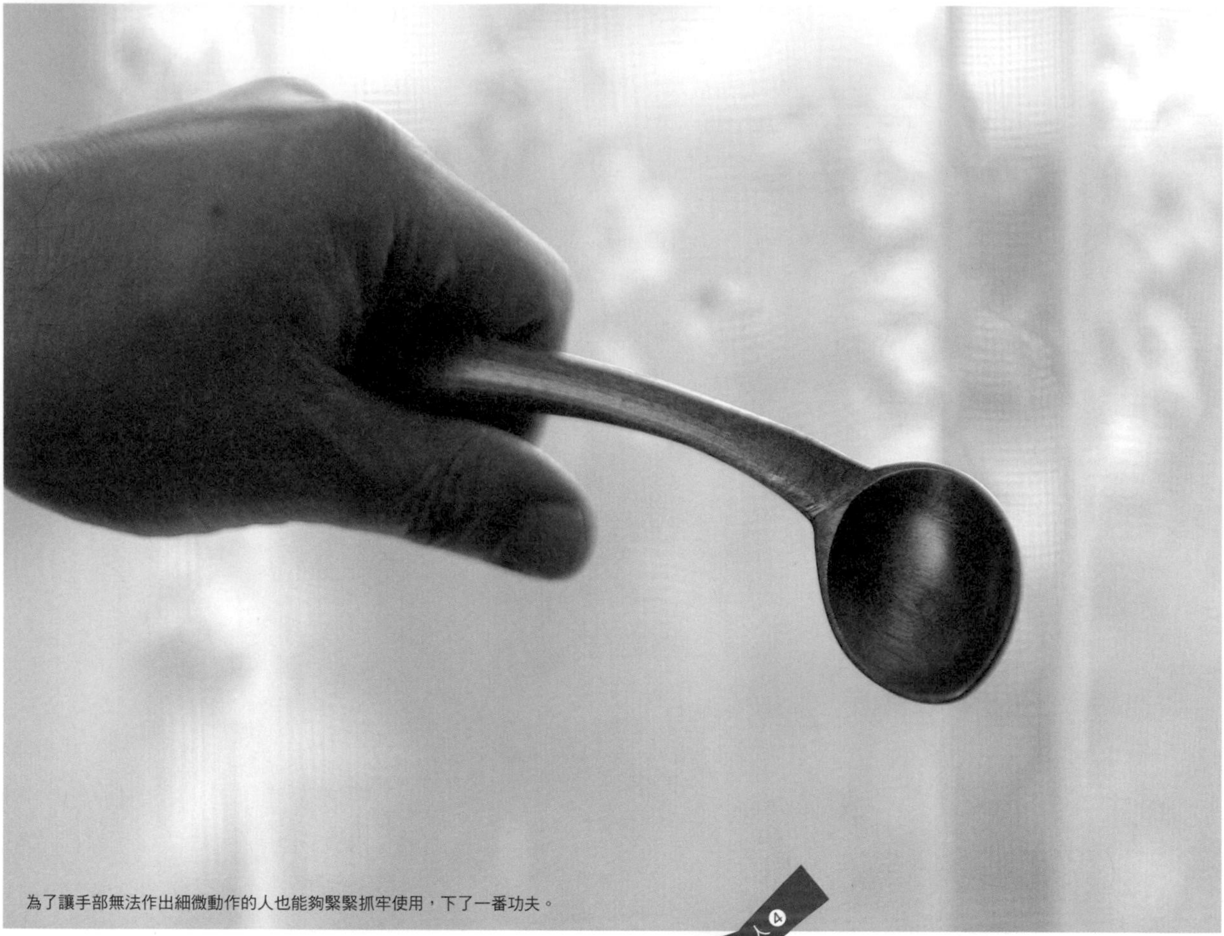

為了讓手部無法作出細微動作的人也能夠緊緊抓牢使用，下了一番功夫。

匙之人④

輕巧、好握使用口感極佳雙手不便之人亦能使用

酒井邦芳的髹漆木匙

酒井邦芳

1958年出生於長野縣。高中畢業後，於輪島拜師伊川敬三先生門下，學習漆器蒔繪工藝。1984年畢業於輪島漆藝技術研修所蒔繪科，1991年畢業於同系所的髹漆科。直到1995年為止，擔任同系所專修科蒔繪助理講師。目前於長野縣塩尻市的自宅從事創作活動。

兩支有著左右對稱形狀般的彎曲上漆木匙。讓人不自覺地想像，是創作者在自由發想之下，發揮玩心打造完成的作品吧？然而，木匙作者酒井邦芳先生創作出這個設計的原因，並不是為了嘩眾取寵。

「有位顧客希望我能為雙手不便的老奶奶量身打造一支木湯匙。而且，竟然有三、四位顧客都有著類似的需求。據說大家在市面上找了許久，卻一直沒發現適合的商品。」

例如因腦中風的後遺症導致右半身癱瘓，右手無法使用，而左手雖然勉強能使力，但

●酒井邦芳的髹漆木匙

專為手不方便之人設計的木匙。左手用（左）與右手用。材質為山櫻木。

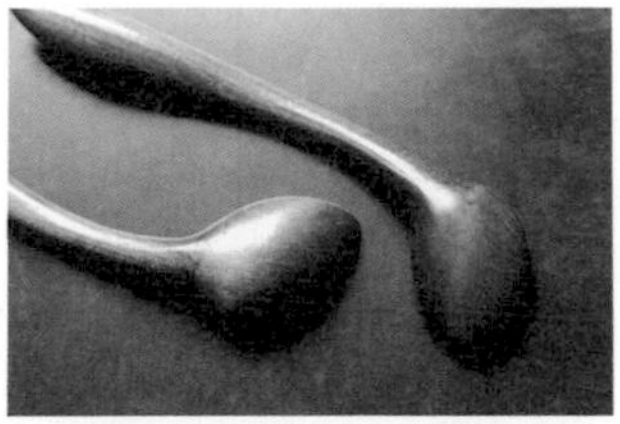

專為手部不便之人設計的木匙。酒井先生強調「特別注重會接觸舌頭的匙背面細膩度。」

以圓鑿雕刻楓木的酒井先生。

動作明顯不靈活。想要尋找適合這些人專用餐具的心聲不算少。雖然市面上可以買到塑膠製的看護用品，但他們想要的是上漆塗裝的木製品。

「匙柄的角度製作了好幾款，自己一邊試用一邊調整才大功告成。起初還製作過曲度非常大的作品。因為有別於一般的湯匙，所以在匙柄與湯匙頭部的匙斗弧度也花費了很大的工夫。由於使用者的手腕缺乏柔軟性，動作明顯僵硬，這部分也需要考慮進去。」

輕巧、容易握住，與口唇接觸的感覺極佳，使用者與看護對於成品的這三項特點給予極高的評價。選用山櫻木，上漆塗裝多達十幾道。入口時的滑順感也就可想而知了。

「匙斗前端刻意設計得稍微尖一些，即使是嘴巴無法完全張大的人，也能順利將食物流入口中。」

除了考量實用性之外，還運用作家自身的感性，融入了以鬱金香為概念的設計元素。

酒井先生出生於木曾漆器

產地的楢川村。高中畢業後，拜師成為輪島蒔繪師的弟子，25歲左右雖以蒔繪師的身分獨立，然而一直有著從木胎到作品完成全部親手製作的想法，因此進入了輪島市的漆藝技術研修所，學習木胎製作與上漆塗裝的技術。如今甚至直接從種植於老家的漆樹上採收漆樹汁液。簡直是將漆器作品相關的所有程序一手包辦完成。就連手部不便之人所使用的木匙，也都是用自己採集的漆樹液上漆塗裝完成。

「說到湯匙，無論如何最重要的關鍵就是入口的觸感。然而重點並非正面的匙面，而是背面的精緻光滑度。其次重要的則是耐用度，針對這一點，上漆塗裝是最適當的方式。比起拭漆，溜塗（朱漆塗法）上漆的方式更佳，保養方式也很簡單。只需用溫水迅速沖洗即可。再來就是設計感，如何將自己的感性表現在這小小的木匙上。」

酒井先生的木匙，每件皆具有輕盈、易握與口感滑順的特性，外觀當然也是毋庸置疑的美麗。這正是酒井先生從年輕時代開始持續了三十多年，致力於漆藝與木胎作業的最佳證明，並且以作品的形式表露無遺。並非作為藝術鑑賞作品，而是以特定目的存在的一件工具，這正是上漆塗裝木匙本身的價值所在。

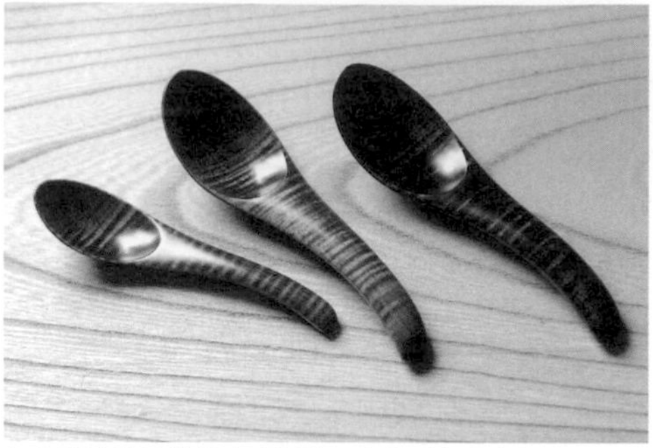

七葉樹拭漆塗裝的中式湯匙。拿在手上是意想不到的輕盈。

離乳食品專用木匙。僅於匙斗的匙面進行拋光，作出滑順表面，其餘就單純削切，修去稜角而已。木料為山櫻木，拭漆塗裝。

栗木溜塗透明漆湯匙。經過填縫處理（為了填平木料導管等孔隙，進行銹漆之類的塗裝作業），充分展現長年從事漆器工藝的酒井風格。

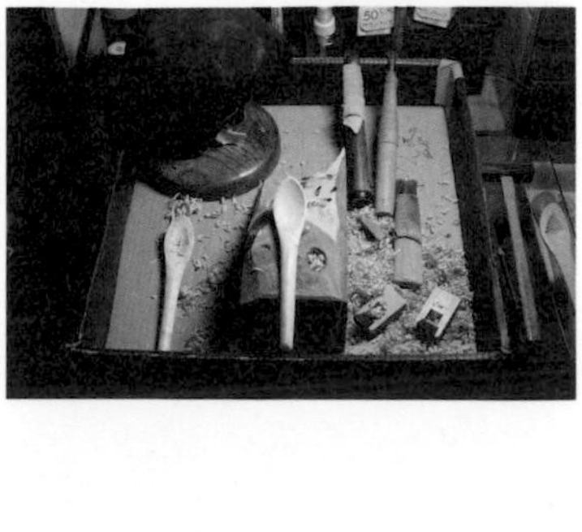

●酒井邦芳的髹漆木匙

栗木盤與黃楊木的拭漆木匙。

山櫻木勺子。質地輕盈！

弁柄色漆塗裝的平飯勺。木料為日本厚朴。

栗木拭漆的平勺。

宛如長年使用融為一體的順手

沖原紗耶的竹製餐具

沖原紗耶

1977年出生於加拿大，長於東京。千葉大學護理系畢業，任職護理師之後，師從自然工藝品作家．長野修平老師門下，學習手工藝品製作。其後開始進行農業與竹製餐具的創作，2008年首次舉辦個人作品展。2010年開始於松本手工藝品展覽會出展。

沖原女士製作的竹製餐具。橄欖油塗裝。

「使用、清洗、晾乾，隨著這些重複成習慣的步驟，手感也漸漸舒適了起來。料理的油脂逐漸滲入竹子裡，感覺剛剛好，幾乎不再需要任何多餘的保養了。」

解說著竹製餐具優點的沖原紗耶女士，將親自砍伐下來的孟宗竹一刀一刀地削切成各式湯匙、餐叉、抹刀、飯勺、筷子等餐具。據說竹子雖有數百種，但其中又以孟宗竹最適合用來製作餐具。

「由於纖維堅韌且有足夠的強度，因此能打造出輕薄的作品。尤其是靠近竹根部分的竹竿，厚度足以雕琢出具有深度的匙斗。粗大的竹子有很多，所以能夠製作出曲度較大的作品。而編織籃、筐之類的竹製品，一般會使用柔軟具韌性的桂竹。」

曾經是大學附設醫院護理師的沖原女士，自從參加以成

分菜匙。具厚度與重量，深受男性顧客的青睞。（大）長25.8cm，（小）長16cm。

製作中的竹材。

湯勺。為了能夠盛舀大量湯料，故將湯匙的匙斗部位削得較深，深度約8mm，長17cm。

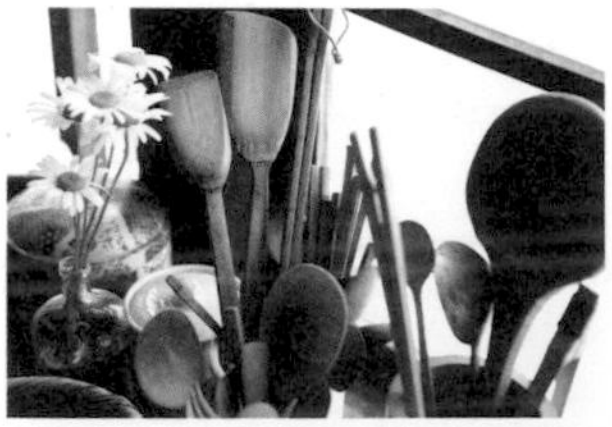

置於廚房料理台上的竹筒裡，插滿了沖原女士愛用的抹刀與飯勺等。

日常生活中使用竹製餐具的沖原女士解說：「使用後，才算是初步完成。」

日常使用的咖哩匙。咖哩的顏色滲入竹匙，使得匙斗部位染成黃色。

沖原女士的住家（後方白色牆壁的建築）與工作室（前方），位於能夠遠眺富士山的赤石山脈南阿爾卑斯山麓。

以柴刀劈開竹子。

沖原女士親自砍伐下來的孟宗竹，豎立著放在工作室裡。「竹子自古以來就是廣泛使用的經濟素材。希望大家能更重視竹子的價值。」工作室名稱為「竹與生活」。

人為主要對象的自然體驗學校開始，就領悟了大自然的奧妙，也開始嚮往鄉村田野的生活。起因於想要親手栽種自己吃的食物，於是漸漸對農業感到興趣。辭掉醫院的工作之後，在學校講師．自然手工藝品作家長野修平先生的身邊擔任助理，一邊開始一點一點地著手竹製餐具的創作。

「長野先生給了我竹子的邊角料，告訴我試著去作出什麼，這就是我與竹子的初次邂逅。一邊看著金屬製的湯匙，一邊嘗試削切之後，意外完成了可以使用的作品，因此把它當成禮物送給了姊姊和朋友們。既能自己使用，又能成為討人歡心的禮品，讓我感到樂趣無窮……」

尋到一處可以從事農耕的場所，於是遷居至可以遠眺富士山的山間聚落。現在過著一邊從事農耕，一邊創作竹製餐具的日常生活。

「原本所謂的護理師一職，就是與人們食衣住生活方面息息相關的工作。況且，必須先確立好自己的生活形態，才有餘力助人。現在想想，無論是護理師轉換跑道至農業，或是使用自己砍伐的竹子來創作的志業，都有相通的關連性。」

手工藝品展覽會中，參展的竹製餐具深獲眾人好評的沖原女士，總是考量著實用性的價值。能從擺放在餐桌上的餐具之中，不加思索地伸手選擇沖原女士製作的竹匙，是她的夢想。

「因為我是專門製作餐具的，如果作品本身不具實用性，最終只有關門一途。所以我非常在意每件作品是否符合各自的用途，當我聽到顧客回饋說家裡小朋友用得很開心，就是對我最大的肯定。因為小朋友的反應是最真實的。」

從我和沖原女士的對話當中，可以在隻字片語上感受到，她身為一名貫徹使用便利性的餐具創作者的自豪。

傳承井波木雕師以傳統技藝雕刻而成

田中孝明之匙

匙之人❻

湯匙背面有著「穿鑿」的美麗線條。

田中孝明

1978年出生於廣島縣的木雕師。富山縣立高岡工藝高中工藝科畢業，1997年師從富山縣井波地區的木雕師・前川正治氏。2006年獨立，2008年與漆藝作家的妻子草苗女士成立了トモル工房。不僅傳承井波雕刻的傳統技藝，同時也在個人展與聯合展覽中發表現代風格的作品。

位於富山縣內陸區域的井波小鎮（今・南砺市），是以「井波雕刻」遠近馳名的木雕工藝勝地。原本就因為名刹瑞泉寺帶來了興盛繁榮的門前町鬧市。18世紀後半的寶曆・安永年間，從京都派來御用雕刻師協助二度重建寺院時，井波當地的木匠便跟著學習木雕技術，於是開啟了井波雕刻的歷史篇章。

從大型的神社寺廟、日式建築的天窗欄間，到擺飾的獅子頭或端午人偶，井波雕刻師接到了來自日本全國各地的雕刻訂單。雖然數量比起全盛時期稍有減少，但據說井波地區現今仍有兩百名左右的雕刻師。既然有多達兩百名的創作者，就會有各自拿手的木工絕活。有擅長雕刻獅子頭的人，也有專門雕刻祭典山車的人；有重視匠人精神的人，亦有以振興日本美術的日展作家身分活躍的人。而所有人共同的特質——正是那傳承長達兩百多年的傳統技藝。

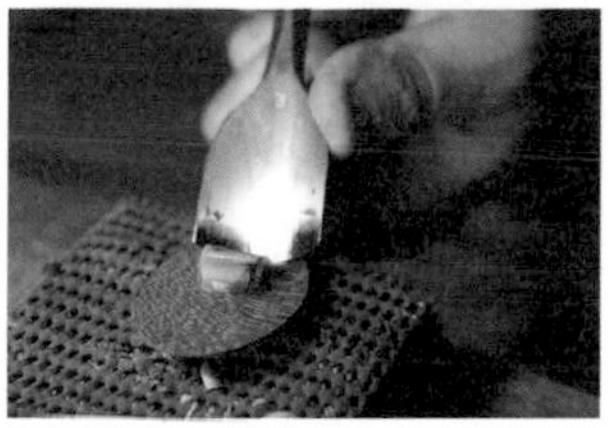

使用淺圓鑿刀鑿刻湯匙盛舀處的匙斗部位。

取材完畢，作出大致雛形的木料。接下來會使用圓鑿等工具進一步削切。

女兒節人偶，材質為樟木。端午節前夕也會收到大量五月人形的訂單。田中先生平時就忙於人偶等餐具以外的製作。

使用平鑿刀削切湯匙的背面。

田中孝明先生高中畢業後，便成為井波木雕師暨日展作家前川正治大師的弟子。雖然也雕刻傳統的欄間或獅頭，但他的創作在井波雕刻界仍然大放異彩。無論是以孩子為範本取材的系列作，或是參加泰國舉辦的雕刻活動而獲得靈感的作品，添加了現代元素的作品陸續孕育而生。

擁有如此背景的田中先生也雕刻著湯匙。在井波地區親手製作湯匙的人，就只有田中先生一個。

「第一次製作湯匙大約是我剛剛獨立創業時，是一支在家中使用的湯匙。由於剛好拿到了用於製作木琴的古夷蘇木，因此就試著雕刻了自己用、小孩用、甜點用等各種不同用途的湯匙。」

後來參加聯合展覽之際，與木雕作品一併陳列展出，也獲得好評。

田中先生的湯匙，被公認為不愧是出自井波木雕師之手的作品。以鑿刀使勁打鑿櫻木料的有力痕跡與優美線條相當引人矚目。而盛舀的匙斗部位卻使用淺圓鑿精密地挖削，因此幾乎沒有留下任何鑿痕。可以說是基於井波雕刻的傳統技藝，才能打造完成的湯匙。

「雕刻湯匙的時候，我只能思考線條的事。井波有一種說法叫「穿鑿」，意思就是要留下一條平滑俐落的線條。我一直想在湯匙的背面留下這樣的線條。」

這個線條還具有「排水性佳」的效果。只要將湯匙立起來晾乾，水滴就會自然沿著這道線條「流下去」。聽說有顧客曾經反應道「這條線跟寺廟裡的柱子有著異曲同工之妙」。的確如此，以槍鉋削切的柱子，其線條也具有引導水流沿著鉋痕流下的作用。

奠定在傳統技藝的基礎，打造出日常使用的湯匙，誠然有著相當大的存在感。

田中先生以雕刻專用的各種類型刀具，鑿削製作湯匙、餐叉、奶油刀等餐具。

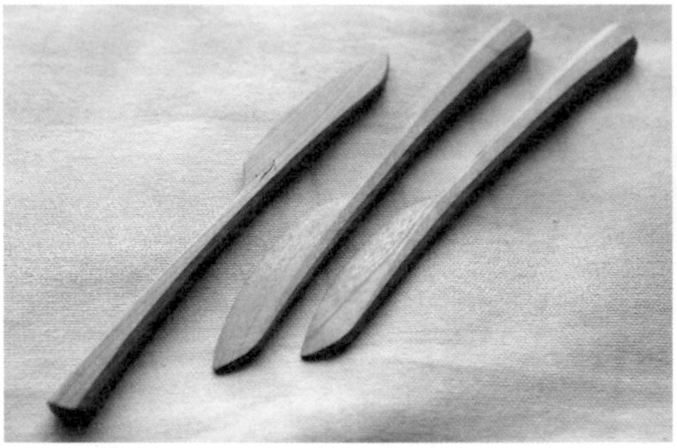

奶油刀。單刃構造，長16cm。

田中孝明先生。

使用著父親雕刻而成的湯匙，將優格送入口中的小開。

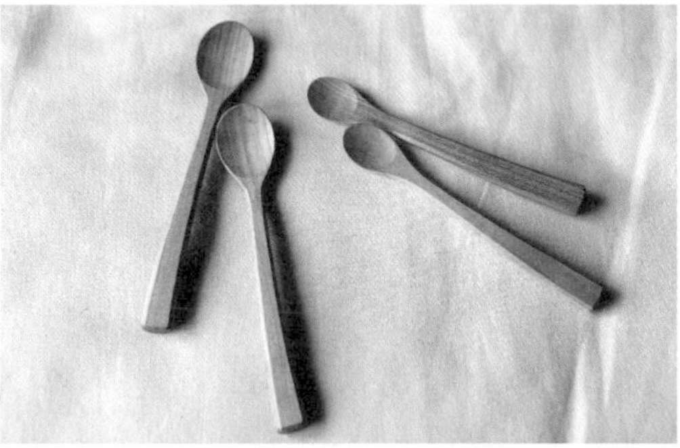
兒童湯匙（左側2支，長16.8cm）與嬰兒湯匙（右側2支，長15cm），蜜蠟塗裝。

以木作湯匙吃著優格的長女小夏（右）與長男小開。

施以雕刻
洋溢著鄉村藝術馨香

久保田芳弘之匙

匙之人 7

施以雕刻或獨特設計的餐具，久保田芳弘先生的早期作品。木料以橡木為主，以及樺木、栓木等。

久保田芳弘

1982年出生於岐阜縣。20歲左右時加入父親——鄉村藝術木工作家・久保田堅的工作室。在製作櫥櫃和椅子等家具的同時，也著手於餐具或器皿的製作。不定時舉辦個展，以及與父親兩人的雙人展。

充滿玩心的湯匙與餐叉。可以想像得到，創作者正自由奔放地放手打造的情景。雖然可以說是將實用性置之度外的造形，但也是能夠營造出意想不到樂趣的餐具。

「我並沒有特別研究市面上的湯匙成品，只是偏重設計，一刀一鑿地進行雕刻，試著將腦海中浮現的構想全部具體化。」

久保田芳弘先生開始動手創作湯匙是在28歲的時候。在這之前，主要是製作椅子或櫃子之類的箱型櫃。開始創作的契機則是個偶然。一位熟識的古董店老闆向他提起，店內有個閒置空間，要不要在那展示什麼作品之類的話題。於是，芳弘先生就計畫舉辦「200支的湯匙展」，200支湯匙則是他為自己設下的目標。在用於製作家具的橡木等邊角料上，直接且隨心所欲的描繪設計，忘我地以雕刻刀進行雕刻。備展

思考著各式各樣想要進行的考究設計時，最終得到的結果就是匙柄為螺旋紋路的餐具。長約14～15㎝。

在工作室削切湯匙的久保田芳弘先生。

最近開始創作的簡約風湯匙。最左邊為櫻桃木，長16.5㎝，其他則為黑胡桃木，長20.5㎝。

橡木餐叉，握柄皆添加了重點綴飾的雕刻。

咖啡量匙

親手製作的餐具或器皿，皆為久保田先生家中日常使用之物。妻子里枝女士有時也會提出「稍微再深一點的餐具會比較好用」等要求。

創作時間為兩個月，這段期間裡，一直在腦海中勾勒著各式各樣的設計。而完成的湯匙，也沒有一支是相同的形狀。

芳弘先生的父親久保田堅先生，是日本少數從事鄉村藝術的木工作家。所謂的鄉村藝術，是自古以來歐洲農民們自己製作、使用的樸質家具。大部分會點綴以花鳥等圖案為主題的雕刻。雖然芳弘先生早在20歲左右就進入父親的工作室工作，但他並沒有像父親一樣在家具上施作雕刻。

然而，在湯匙上添加重點裝飾的花朵或幾何圖形雕刻卻更顯醒目。也算是鄉村藝術風格的餐具。

「畢竟，從小就一直在旁邊看著父親工作，所以從設計開始構思的方式，應該是受到父親的影響吧？」

幾乎所有製作湯匙的專業木工，都非常重視使用的舒適性與實用性。最初，芳弘先生偏重設計，並沒有考慮使用便利與否。話雖如此，適合作為咖啡量匙的類型；在廚房作為調味料專用匙，能讓料理更為輕鬆的小木匙等作品，也都在實用層面上盡情的發揮效用。

最近則是開始考量使用便利性，進而著手製作簡約風格的湯匙。

「比起設計精緻的餐具，追求簡約款式的人更為普遍。不過在一些特別的場合或派對上，造形特殊的款式顯得更有樂趣。三不五時我就會被問道，這種湯匙的用途究竟在哪裡，但我也答不上來。任由大家的想法使用即可。」

從靈活的思維中孕育而出的獨特湯匙。只要擺放在餐桌上，場面立即變得熱鬧愉快。究竟該如何使用才好？雖然摸不著頭緒，但這也會令人感到期待。生活當中能出現這樣有趣的湯匙，應該也很不賴吧！

使用30種以上木材製作抵達登峰造極之形

金城貴史的果醬匙

匙之人⑧

圓弧形果醬匙，使用山櫻木、楊梅、楓木、黃檗、柑橘等，色澤、硬度、韌性皆不相同的各式木材來製作。長度約16cm。

金城貴史

1981年出生於兵庫縣。畢業於大阪外國語大學西班牙語系。2009年進入長野縣上松技術專門校學習木工技術。畢業後，於奈良市開始木工的工作，並參展各地的手工藝品展會。2016年以「果醬匙」獲得工藝都市高岡手工藝品競賽的獎勵賞。工作室設立於岐阜縣中津川市。

從楓木、櫸木、核桃木等知名木材，到柑橘、梨子等果木，以及神代榆木等沼澤木，甚至是姬沙羅或夜叉五倍子等一般很少作為木料活用的樹種，金城先生運用了上述超過三十多種的木材來製作果醬匙。

「我最喜歡的木材是山櫻木。不僅硬度適中，又具有彈性韌度，口唇觸感極佳，也易於加工。我也相當喜歡楊梅，帶有紅色系的色調顯得特別美麗，而且質地極度光滑。」

成為金城先生代表作的果醬匙，分別有適合從圓形瓶中舀出果醬的圓弧款，以及搭配四角形容器的方形款。不論哪一種，美麗的造形總是吸引眾人目光。幾乎能夠完全貼合瓶身內部曲面或角度的果醬匙，可以輕而易舉的將果醬舀取乾淨。前端的突起或是匙柄線條的形狀也都有其用意，是澈底考量使用方便性和結構強度所作的設計。採納顧客反應的意見與自己每天使用的感想，歷經不斷重複改良的結果，最後打造出現今如此極致造形的果醬匙。

「一直懷抱著製作出可以長久使用的優質用品的心情來從事創作。為此緣故，我認為耐用度與使用的便利性相當重要。基於這些要素，再來思考造形上的迷人之處，或是素材本身的魅力等附加要點。」

雖然學生時代開始就對木工很感興趣，但大學畢業後卻進入了金融相關產業就職。然而，大約工作了兩年就辭去工作，進入技術專門校學習木工。後來應打工餐廳老闆的要求製作茶匙成為了契機，慢慢開始在手工藝品展會上販賣湯匙或果醬匙等用品。一邊創作一邊花費大約一年左右的時間，在林業相關機構從事植物調查等工作，也因此漸漸對樹木產生了興趣。

「從那個時期開始，木工所使用的木料與山林中自然生長的樹木，就在我的心中產生了連結。」

之後，他便透過經手一些不常在市面上流通的雜木或果樹的製材公司取得這類木料，並持續利用不同顏色或硬度的木材創作果醬匙。感受著各種不同木材本身擁有的美麗色澤和肌理的光滑感，體會著將果醬抹在早餐吐司上那一瞬間的樂趣，想必感同身受的果醬匙粉絲也有很多吧！

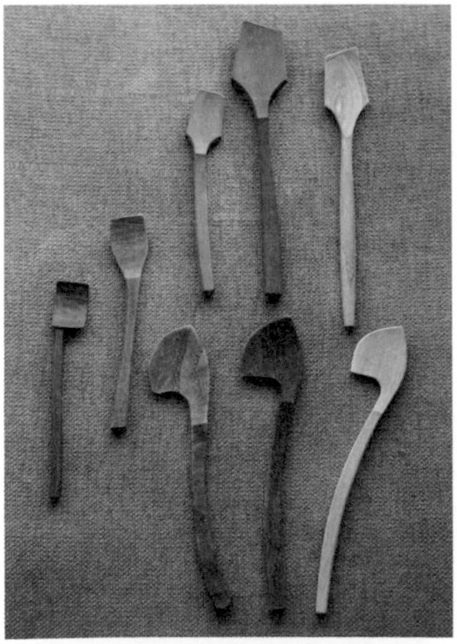

果醬匙的初期作品到如今的作品，由左至右依序排列。最左邊帶有俏皮感的，是最初削切的拭漆塗裝作品。左邊數來第3個下方的圓弧匙，為具有厚度的栗木。下方中間為黑胡桃木，右下則是以檜木製作的現在版圓弧匙。右上為現在的方形匙。

匙斗部分呈現些微的淺窪狀，是專為盛舀柔軟果醬而設計的巧思。匙斗連接至匙柄的頸部，考量到強度等要素，故意保留宛如竹節般的形狀。

果醬匙可以卡在瓶口立起來擺放。圖中立起的果醬匙材質為楊梅木。

圓弧形的果醬匙，完全服貼於圓形瓶身內側的曲面。這支果醬匙的材質為檜木。

在工作室裡削切木料的金城先生。使用的雕刻刀為極淺圓鑿。

佐藤佳成

1968年出生於埼玉縣，成長於神奈川縣。曾任職於運輸公司，1995年成為北海道置戶町的木工技術研修生。歷經3年間的研修後獨立創業，目前於置戶町雄勝成立「木工房ある」。

產自北海道的闊葉木
以木旋車床鉋削成形

佐藤佳成的木匙

匙之人⑨

正在研磨咖啡豆的佐藤佳成先生。

由左至右依序為：匙柄末端略微鼓起的款式、匙柄較纖瘦修長的款式、帶有圓潤感的棒狀匙柄款。

使用木材為橡木、核桃木、樺木、槐樹、櫻木、榆木等，全部都是佐藤先生住家附近可以輕易取得的木料。顏色或紋理依據樹種不同而各有特色。大：長8.5㎝，直徑5㎝。中：長8㎝，直徑4.5㎝。小：長7.5㎝，直徑4㎝。

不論是咖啡豆、紅茶、砂糖或鹽巴之類的調味料皆可使用。佐藤佳成先生的木匙能為午茶時光或是料理帶來樂趣。圓潤的匙柄包括棒狀款共有三種形式。

「可以立起來的匙款，是應顧客要求試作的結果。」

結束北海道置戶町OKE CRAFT木作藝品的研修後，自獨立創業起，便開始木匙的創作。

「當初想要創作的並非是既有的盤子或木碗，而是自己獨有的原創性作品。只要日常用品本身與木料的屬性吻合，就是合理的存在。即便是身邊現有的木材，也能打造出符合自我風格的外形，並且成為實用性的物品。基於這個理念，於是想到了木匙。」

不斷嘗試木旋車床的鉋削方式，歷經各種失敗試作之後，終於定下了現在的形狀。使用蜜蠟與核桃油調配出獨家配方，進行塗裝。

「腦海中總是浮現盛舀、清洗、整理等各種使用的場面。如果顧客使用後能感到滿意，我也會作得很愉快。」

前田充
1969年出生於東京都。在家具製造商WOOD YOU LIKE COMPANY等從事設計與家具製作的工作後，獨立創業。2008年設立工作室「ki-to-te」。

匙之人⑩

宛如與瓶中咖啡豆融為一體

前田充的咖啡量匙

直接放入玻璃瓶內的咖啡量匙。

咖啡量匙。木材為黑胡桃木（中）與櫻桃木，長12cm，直徑4.8cm。

舀出咖啡豆的前田充先生。

「感覺木製的物品好像不怎麼多，反而多是塑膠製品。」

喜歡喝咖啡的木工作家前田充先生，偶然間想到日常生活中經常使用的咖啡量匙，心想不妨試著將那形狀製作出來。

「湯匙形狀的物品創作起來特別有趣，很容易凸顯出個性。這個形狀，每每也在製作的時候以1mm的單位進行調整。」

不局限於湯匙，前田先生的理念是使用方便又簡約，不過度強調存在感的用品。就連工作室名稱也是簡單直白的「ki-to-te（木與手）」，想要以此來傳達使用天然木材與純手工製作的信念。

「每一日的生活當中，總有許多融入成習以為常的事物。我希望這個咖啡量匙也一樣，像是在瓶中與咖啡豆融為一體那樣。」

對於咖啡愛好者來說，日常使用的咖啡量匙雖然是不起眼的小物，然而如果哪天不經意地看了一下，應該會發現咖啡豆的油脂已經滲入木料之中，醞釀出溫和恬靜的質感吧。

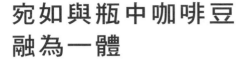

木工作家們的作品

各種湯匙與木匙

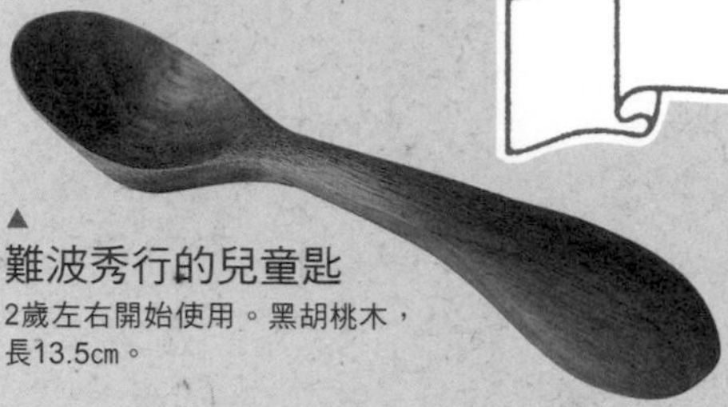

▲
難波秀行的兒童匙
2歲左右開始使用。黑胡桃木，長13.5cm。

▶
難波秀行的嬰兒匙
從副食品時期到2歲左右，適合大人餵食幼兒用的湯匙。楓木（下）、黑胡桃木（匙柄較粗者），長15cm。

▼
難波秀行的湯匙
前端較窄，彷彿滑入口中般的觸感。左起第2支為黑胡桃木，其他皆為櫻桃木，長19cm。

▲
川端健夫的湯匙
左起依序為咖哩匙、湯匙、優格匙、攪拌匙、茶匙、糖匙、嬰兒匙、兒童匙。

▼
富山孝一的木匙
一邊自由發想，一邊進行拭漆塗裝，有趣獨特的造形。材質為栗木、核桃木、槐木等。

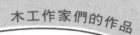

▼
荻原英二的湯匙＆餐叉
左起依序為甜點匙、茶匙、漆器湯匙（2支）、甜點叉、甜點匙、迷你匙、芝麻勺、茶勺、和菓子叉。

▲
荻原英二的湯匙＆研磨棒
左起：茶勺、分菜匙（大）、湯勺、蜂蜜匙（大）、蜂蜜匙（小）、分菜匙（小）、研磨棒。

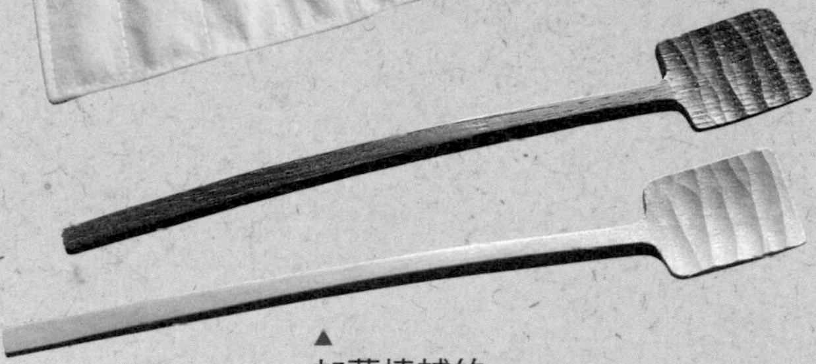

▲
加藤慎輔的方形湯匙
能將附著於瓶壁上的果醬或蜂蜜刮下來的重要工具。（上）栗木的拭漆塗裝，（下）日本厚朴的橄欖油塗裝，長19cm。

▲
大門巖的湯匙
長15cm。木料由左至右依序為鳥眼楓木、非洲紫檀、黑胡桃木、蕾絲木、印度紫檀、櫻木、硬楓。

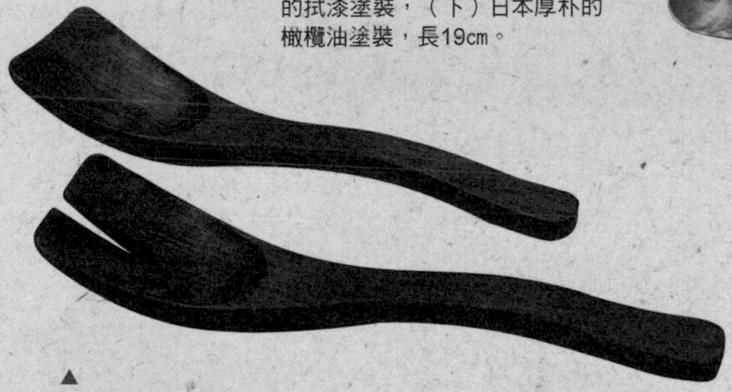

▲
臼田健二的沙拉叉匙組
木料為黑胡桃木。

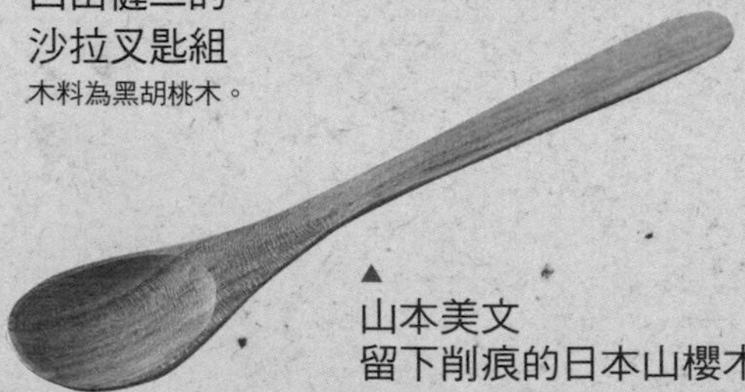

▲
山本美文 留下削痕的日本山櫻木湯匙
長19.5cm，與P.63的叉子成套。

▲
日高英夫的湯匙
左起：茶匙、寶寶匙、嬰兒匙、優格匙、湯匙、主餐匙、兒童匙，材質為樺木。

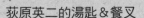

動手作作看 1

湯匙

by 山極博史

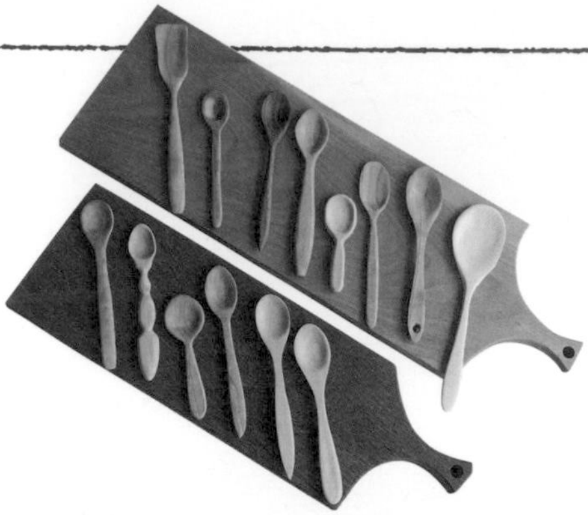

身兼設計師與木工家具作家的山極博史先生，在深受女性歡迎的有機餐廳開辦木作湯匙的體驗工坊。

當日有16名參加者出席活動。雖然都是第一次挑戰木作湯匙，卻製作出匙柄彎彎曲曲的湯匙、宛如大冰淇淋勺的造形，還有小巧可愛的茶匙等，完成了各式充滿個性與創意的湯匙。

材料

這次準備了以下3種木材，請參加者挑選自己喜歡的木料。厚度為8～10㎜。

櫻桃木（左下）

黑胡桃木（左起第二個）

檜木（左起第三個）

工具

小刀

工藝刀

雕刻刀

玄能鎚（或榔頭）

鉛筆

橡皮擦

核桃仁

碎布片

砂紙

#120、#180、#240、#320、#400

製作方法

1 選擇木材。這次的體驗工坊準備了3種木料：質地柔軟，初學者也易於鑿刻的檜木；美麗的棕紅色櫻桃木；深色木紋明顯的黑胡桃木。櫻桃木與黑胡桃木較為堅硬，雕刻上較耗費時間。

2 挑選好的木料上，以鉛筆勾勒出想要製作的湯匙輪廓。

3 木料側邊也事先描繪上湯匙側面的線條。

4 以小刀削切出湯匙的輪廓。一邊用拇指推著刀背，一邊向外一刀一刀地削切。若是小刀卡在逆紋處，可以調轉木料，換個方向削切。

5 將匙柄削圓，逐一削去木料稜角。

6 湯匙漸漸成形，這時可以開始用雕刻刀鑿刻前端的匙斗部分。雕刻前，最好先在匙斗的輪廓線內側畫出削切範圍，作為基準。以握筆的方式使用雕刻刀，一點一點地鑿刻。

7 木胎大致削切成形後，可以用砂紙進行打磨作業。首先，以粗顆粒的＃120砂紙進一步塑形，再依序換成＃180、＃240、＃320、＃400細磨。可嘗試用手拿著砂紙直接打磨，或是將砂紙纏繞在木片上拋磨木料，亦可將木料放在砂紙上摩擦等，諸多加工方法。

8 使用＃180砂紙打磨完成的階段，木料表面顯眼的凹凸不平已變得光滑平整。

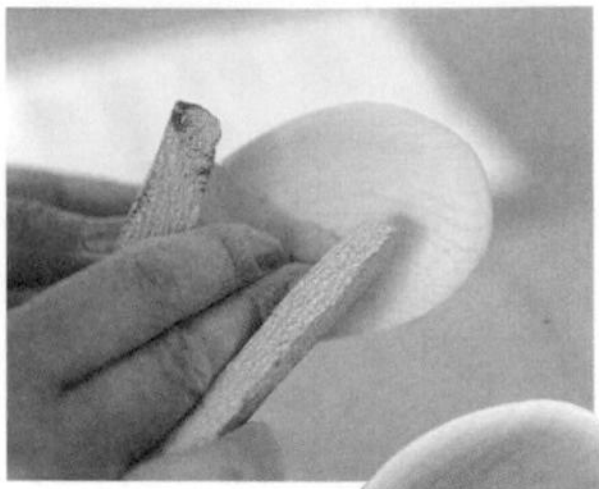

9

使用＃400砂紙進行拋光處理，湯匙木胎就完成了。

10

上油塗裝。用碎布包住核桃仁，以玄能鎚敲碎。

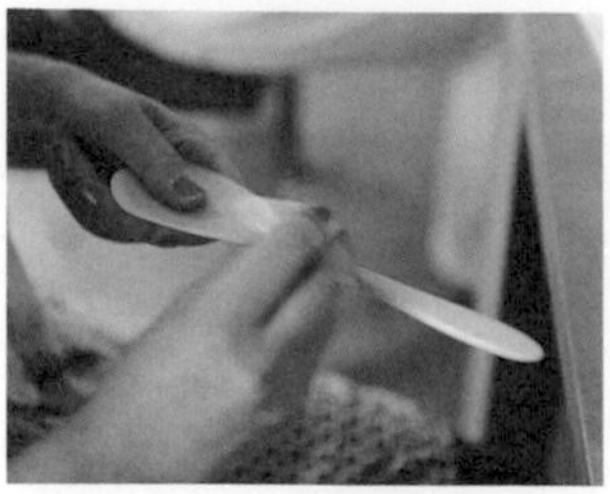

11

將布料上滲出的核桃油均勻塗抹在湯匙上。

完成

由體驗工坊的參與者製作，充滿個性的湯匙。

製作要點

不要過度集中在一個點上！要掌握整體的平衡進行製作

一　鑿削或打磨木料的時候，不僅要以眼檢視，還要細心地用手撫摸，以手指的觸感確認。拋磨木屑之後，也可以試著將湯匙放入口中感覺一下。

二　以雕刻刀雕鑿湯匙匙斗凹處時，一旦過於專注在一個點，就會不自覺地過度鑿刻甚至穿出洞來。請特別留意，要時常檢視整體，掌握平衡的進行製作。

三　使用小刀削切時，依照削鉛筆的要領一層層削薄即可，不要用力地使勁下刀。

四　切記不要將刀刃朝向自己操作，也不要將手指放在刀刃前方。

「木料堅硬之處和好削的地方差異很大，鑿起來相當費力。想說匙柄部位再修細一點會不會比較好？但還是很開心，下次還想要再試作看看。」

「因為家裡習慣使用木湯匙，所以就想自己製作一個看看。就算碰到盤子也不會發出刺耳的聲響，這點很好。從今以後，我會一直愛用著今天製作的湯匙。」

「原本想要作出更漂亮的對稱形狀，但現在這樣有著獨屬於自己的氛圍也不錯，製作中好像也有了感情。回家也想試著製作。」

湯匙的製作流程
（從削切到塗裝）

匙柄獨特的湯匙

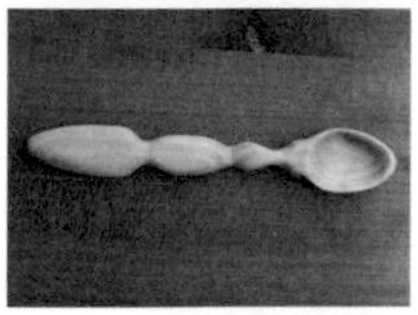

以檜木削製的茶勺

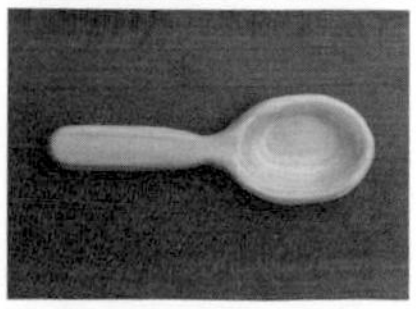

使用親自製作的湯匙來品嘗濃湯，心中滿是成就感和滿足感。

喝完濃湯之後的湯匙們。

大家使用剛製作完成的湯匙喝著濃湯，獲得各式各樣充滿成就感與滿足感的回饋。因為就算作得不那麼精緻，畢竟是辛苦努力削切而成的手作湯匙，覺得格外可愛。

使用櫻木生材製作湯匙

一起來體驗Green Woodwork木作

講師：久津輪雅（岐阜縣立森林文化學院副教授／Green Woodwork協會顧問）
場所：岐阜縣立森林文化學院

所謂的Green Woodwork又名綠色木工藝，係指以未經乾燥處理的生材（Green Wood）製作成椅凳、木碗器具的木作風格，歐洲各國自古以來就有這樣的作法。日本的木勺製作也可以稱得上是綠色木工。一般來說，木作加工都是使用已完全乾燥的木材，然而綠色木工卻活用了質地柔軟、易加工處理的生材特性。其中也包含了不使用電動工具，僅以手工打造而成的樂趣。木材更涵括修剪或疏伐行道樹、公園樹木時砍除的木頭。

為了了解實際上的製作過程，於是我前去參加NPO法人Green Woodwork協會主辦的「木匙製作講座」。

1 這天的木材為山櫻木。直徑約25㎝，長60㎝。

2 首先由講師久津輪雅先生講解製作流程的概要。

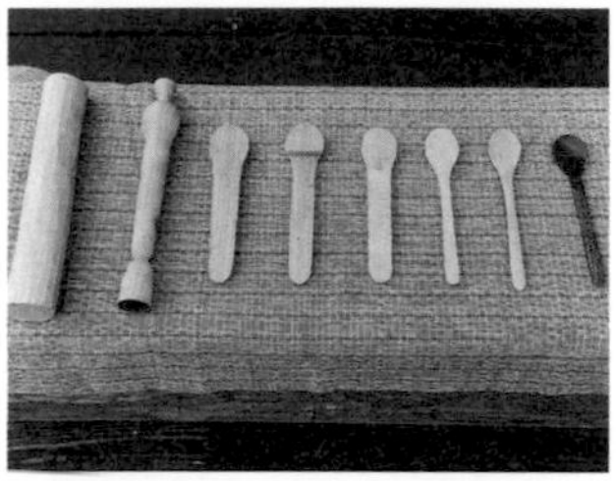

將圓木段剖切、鉋削、打磨，依照由左至右的順序，逐漸成為湯匙的形狀。

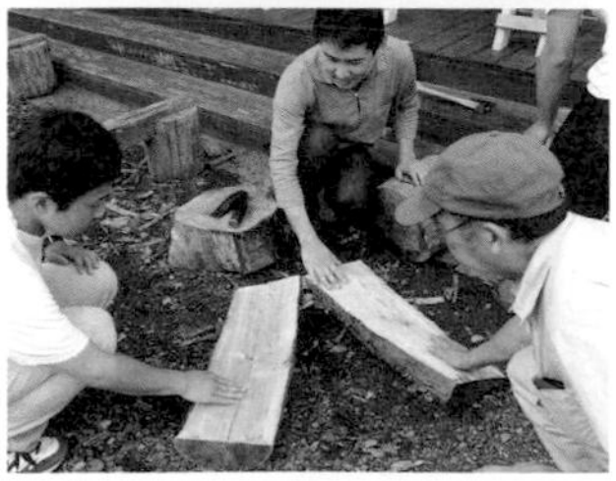

3 剖切圓木段。用木槌敲打嵌入橫切面的楔子。

4 將劈成兩半的木材再剖切兩次，最後成為原木材8分之1的大小。

5 木材鋸切成一半的長度，取30cm備用。

6 以萬力（直角柄的劈柴刀）削去樹皮。

7 用斧頭在木材的銳角部位切出缺口，再往下劈開，削去尖角。

8 於橫切面畫上直徑約5cm的圓。

9 將木料固定在鉋削木馬（Shaving horse）上，拉動拉刀進行鉋削作業。連續用力推拉。注意，削切者的腳要牢牢踩穩。

「很好削！
我最喜歡用拉刀削切了。
感覺好療癒喔。」

10 在鉋削成圓柱狀的木料橫切面中心，鑿開一個約5mm的淺洞，注入油。兩側皆同。

11 將木料固定在腳踏木工車床上，再以淺圓鑿鉋削成形。用腳大力踩動，就會喀啦喀啦地增加車床的旋轉數。

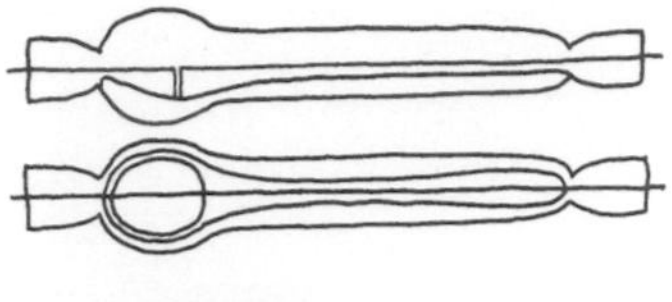

（上）湯匙粗胚的側視取材示意圖。
（下）湯匙粗胚的正面俯瞰示意圖。

12 鉋削成圓柱形之後，在木料上標示湯匙位置的記號。配合記號進行削切。

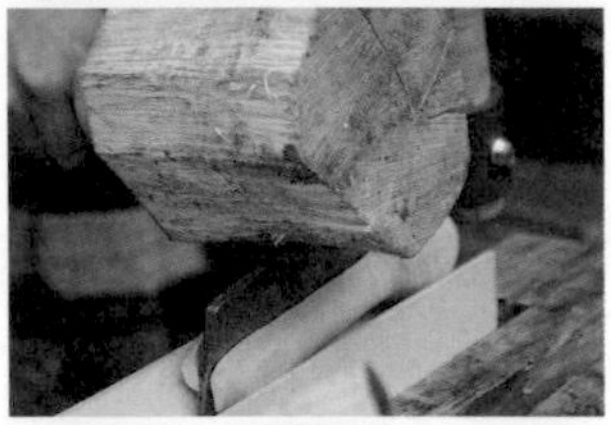

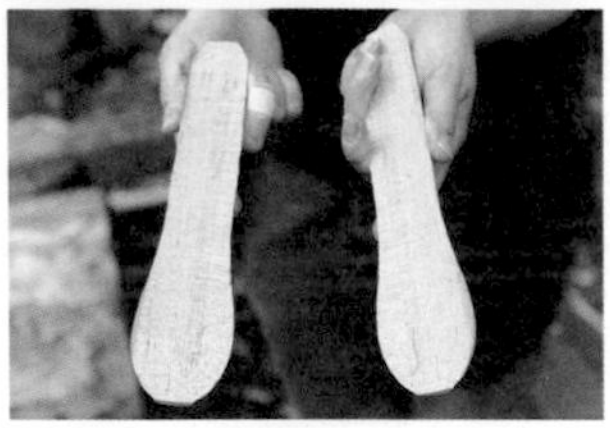

13 以手持鋸鋸掉木料兩端，再用萬力柴刀劈成兩半。

14 將木料固定在鉋削木馬上，用拉刀修平表面。

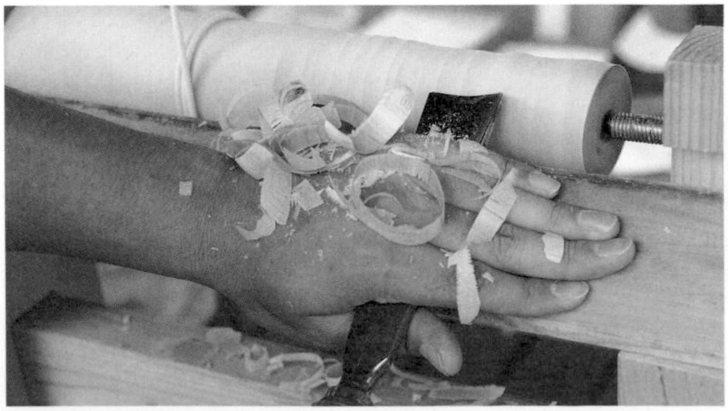

「腳踩得好累啊！」

「真有趣！只靠人力也能進行車床般的削切作業……」

15 在湯匙匙斗靠近匙柄處，以手持鋸劃出痕跡。

16 用拉刀從匙柄鉋削至缺口記號處。

17 將木料固定於萬力固定夾，使用南京鉋削切加工。一邊作業一邊檢視整體是否左右對稱。

「想要將左右兩邊削成
完全對稱的形狀實在很難。
覺得這邊削太多，
於是又去削另一邊，
結果還是失去了平衡……」

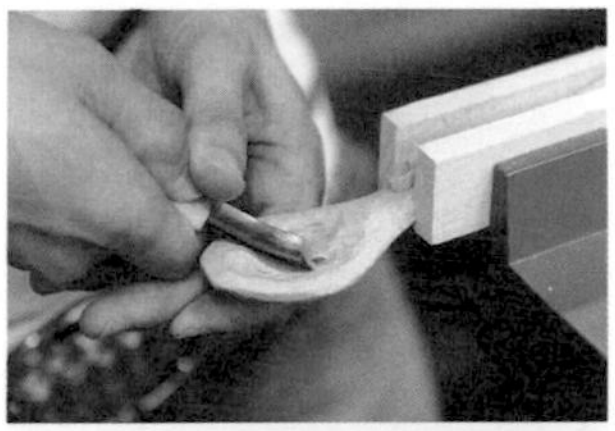

18 用雕刻刀雕鑿湯匙匙斗的凹處。

久津輪雅先生建議：「從貼近邊緣處開始鑿雕，側邊會漸漸形成平緩流暢的線條，讓口唇觸感極佳。」

完成 用砂紙打磨木胎邊緣後，完成作品。

用爸爸親手製作的湯匙吃刨冰。

「使用刀具嗖嗖嗖削切木料時的聲響，讓人有種難以形容的爽快感……」

「原本想將湯匙匙斗鑿深一點，但是親手製作後才明白，就算鑿淺了也很不錯。」

「真的很開心。想不到那麼粗的山櫻木竟然可以作成這麼漂亮的湯匙。」

「最後選擇上漆塗裝完成了湯匙，我會一直使用下去的。」

湯匙製作完成後，大家都一臉滿足。

＊Green Woodwork 協會在日本各地都有舉辦 Green Woodwork 的講習會。

第2章

餐叉

Fork

聽取使用者心聲 融合機能性與造形之美

難波行秀的義大利麵叉

餐叉之人①

稜角分明的線條，滑順流暢的弧度，簡潔銳利與圓潤感完美的調和為一。不論側面或背面，任何角度看來都精美無瑕的餐叉，讓人得以想見木工作家絲毫不願妥協的堅持。

話雖如此，光有美麗外表的餐叉是沒有用的，作為餐具的機能性及使用便利性才是重點。

試著使用這支餐叉品嘗義大利麵。立著餐叉捲起義大利麵時，馬上可以感受到稍具厚度的握柄與手指完美服貼，而流暢捲起義大利麵的感覺，就像是用螺絲起子鎖緊螺絲。將義大利麵送入口中，一下就滑溜地吸入了嘴裡。

「累積了無數次的改良修正之後，成為了如今的形狀。既帶入了原創的設計元素，也巧

難波行秀

1970年出生於兵庫縣。於福知山高等技術專門校習得木工基礎。歷經木工所與細木指物師門下的工作之後，獨立創業。2007年開始，以工作室「TANBANANBA木のしごと」之名活動。

從左邊的義大利麵叉開始，往右改良。
最左為楓木，最右與正中央為黑胡桃木，其他則為櫻桃木，長18.5～19cm。

妙融合了方便使用的機能性。無論是握在手上的感覺，還是含在嘴裡的口感……」

難波行秀先生在技術專門校的木工科學習之後，經歷了木工所的家具製作與山中伐木的林業等工作經驗。也曾經拜入細木工藝指物師的門下成為弟子。爾後，在二十歲後半時，以木工家具創作者的身分獨立創業。雖然主要是製作椅子或木桌等物品為主，但數年前也開始著手木餐具的製作。

「最初時，我把心思全放在設計上，一度過於自以為是。曾經被顧客嫌棄湯匙匙柄太粗而退貨的情況。從那時候起，我就開始認真聽取每一位顧客的使用感。一邊參考他們的感想與建議，一邊進行厚度或弧度的修正調整。」

基本上都是先試作。然後一邊實際使用，一邊進行修正。只要在此過程中保持冷靜，作出自己能夠認同的作品，形狀會自然而然地成形。

「不論是椅子還是餐叉，試作階段可說是初期製作最有趣

迷你餐叉。木材由左至右依序為楓木、櫻桃木、黑胡桃木、黑檀，長12cm。

不管從哪一個角度來看，造形都完美無瑕的義大利麵叉。

迷你餐叉。

義大利麵叉的初期作品（左）與改良作品。請注意握柄形狀的差異。

正在工作室裡製作餐叉。

以機械進行切割。

難波先生的木作餐具。

手削作業。

拋光後即製作完成。

的一環。在製作過程中常常會有『這樣作作看好了……』的新創意浮現在腦海中。」

木作餐具雖然大多強調其溫潤的口感，但是以創作者的立場來看，能夠呈現出立體的厚度之處，才是令人感受其魅力的地方。即便是一支小小的餐叉，只要能將設計元素淋漓盡致地表現出來就有其樂趣。這一點可以從難波先生很關注北歐設計的談話中一窺究竟。

「丹麥的漢斯・韋格納（Hans Wegner）與芬・尤爾（Finn Juhl），兩位大師設計的椅子給了我很多啟發，例如稍微修出曲度的作法等。我創作的餐具應該也有受到他們的影響吧。」

一邊考慮實際使用上便利，一邊以輪廓分明的設計製作成餐具，據說還包含了「如果能再多一點玩心更好」的想法。與保留鑿痕充滿手作感的作品大異其趣，像這樣洋溢著喜愛北歐設計的個人風格，正是木家具作家難波先生的原創元素。

正在烹調料理義大利麵的難波先生。自從開始製作義大利麵叉，為了親自測試實際使用狀況，因而習慣料理義大利麵。

使用爸爸製作的兒童餐叉吃著義大利麵的小妙衣。

由於握柄處獨特的角度與厚度，因此很容易旋轉並確實捲起麵條。

全家一起在自家庭院裡享用午餐。右起為難波先生、長女小妙衣、妻子千登世女士。

兒童餐叉與義大利麵。

義大利麵叉與難波先生親手作的義式培根麵。

取得「切」與「插」之間的平衡

川端健夫的甜點叉

餐叉之人❷

製作契機是長男一樹的誕生。

「因為選擇在家裡生產，所以一樹是由助產師接生的。由於嬰兒一生下來助產師就要餵糖水，因此早些時候她就曾對我太太提起：『既然妳老公是木工，要不要試著用木頭作個湯匙？』基於這個理由，我就用木料作了嬰兒匙，方便她餵食糖水。」

剛成為家族一員的孩子，使用著自己親自打造的餐具，讓他心中不禁湧上一股安穩感。「這樣的感覺，真的很好。」

自從以木工作家的身分獨立創業之後，主要還是以家具製作為中心，雖然創作了精心設計的椅子，唯獨缺少為了自己或家人製作的物品。

「在這之前，我總是將全副心力放在創作出美麗的造形。自孩子出生的那刻起，我開始認真思考，製作自己可以長年使用的餐具。與其強調美麗的

川端健夫

1971年出生於大阪府。東京農業大學畢業。於足立技術專門校木工科學習木工技術後，師從木工作家．木內明彥大師。2003年獨立創業，並於滋賀縣甲賀市成立工作室。2004年，工作室擴大為複合形式，設立工藝展示中心與甜點工房。

嬰兒餐叉（左．楓木）、甜點叉（左起第2～3支．楓木）、午餐叉（右起第2～3支．櫻桃木）、義大利麵叉（右．櫻桃木）。

盛裝在橡木盤上的「甜橙水果塔」與甜點叉。

使用甜點叉插起蛋糕。

使用重複試作，不斷改良才完成的甜點叉切開蛋糕。

核桃木製的小盤子。

由左至右依序為咖哩匙、湯匙、優格匙、攪拌匙、茶匙、糖匙、嬰兒匙、兒童匙。

一邊確認著餐叉的使用手感，一邊食用蛋糕的川端健夫先生。

利用工作空檔稍作休息的川端夫妻，攝於「pâtisserie MiA」店內。

外形，我變得更看重作品本身作為用具時，實際使用的順手舒適感。」

於是在家具製作的同時，開始創作木作湯匙、餐叉、器皿等，如今木作餐具的製作反而成為主力。

「我是滿懷期待在創作湯匙的，餐叉的製作則讓我傷透了腦筋，尤其是尖端的加工，細叉方便使用也容易清洗，但是太過纖細又會在強度層面出現問題。我常常在纖細度與強度之間掙扎。」

川端先生的工作室，從前是農業學校用來養蠶的相關設備建築物，重新改裝而成。後來將私宅和妻子美愛女士經營的甜點工房「pâtisserie MiA」一起併入。為了提供咖啡店顧客使用的木作餐叉，於是川端先生經過無數次改良。但是，批判辛辣的妻子美愛女士卻很少點頭答應。

「不能俐落切開蛋糕就不行，不能插起切好的蛋糕也不行，這是個很大的課題。作成像刀子一樣，用來切蛋糕確實不成問題，但宛如用刀切開蛋糕的樣子，就失去了享用美味的氛圍……」

歷經不斷重複試作，打造完成的甜點叉，具有能夠插起蛋糕的尖端，且側邊也有很恰當的銳利度。從握柄處連接至尖端的線條，帶有滑順流暢的圓弧特色，口唇觸感也很細膩，木材使用堅硬的楓木。最後終於獲得妻子美愛女士的肯定，開始在店內使用。

「切開、插起，雖然為了兩者之間的平衡煞費苦心，但竟然連厚實的塔皮也能輕鬆切開」，川端先生一邊說著，一邊津津有味地享用著妻子美愛女士手作的「甜橙水果塔」。

木工作家們的作品

各種餐叉

▲
山極博史的餐叉
非常適合用於和菓子或水果。櫻桃木塗裝核桃油而成。

▼
玉元利幸的餐叉
作者現居沖繩縣東村，木料使用沖繩縣產的厚皮香木，泛紅的色澤相當美麗，長19.3cm。

▼
西村延恵的餐叉
材質為樺木。與湯匙（P14）一樣具有輕薄的特徵。湯匙長度：大20cm、中16cm、小13cm。

▲
日高英夫的餐叉
（左）主餐叉（樺木）、（上）蛋糕叉（樺木）、（下）兒童餐叉（栲木）。

▲
酒井邦芳的黃楊木拭漆餐叉
黃楊木質硬而光滑細緻，即使造形纖細也不易折斷，因此多用於餐叉的製作。

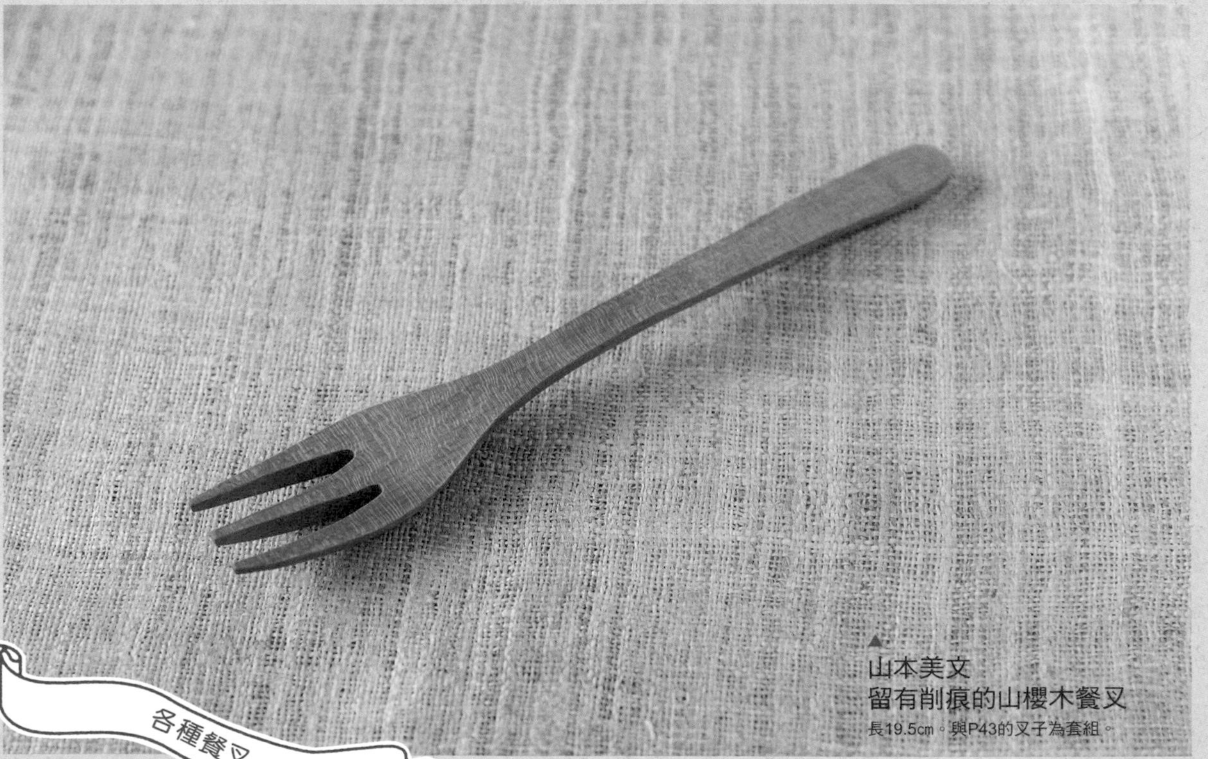

▲
山本美文
留有削痕的山櫻木餐叉
長19.5cm。與P43的叉子為套組。

各種餐叉

動手作作看 2

餐叉

by 川端健夫

餐叉的前端分成數支尖銳的分岔。就算很想試著製作自己專屬的餐叉，心中還是有所顧慮——湯匙只要削一削就能呈現出大致的輪廓，但餐叉的叉尖處好像很難製作。

木工作家川端健夫先生重新調整製作流程，將他作為商品販賣的餐叉，改成適合初學者製作的程序。只要依照以下步驟進行作業，即可完成專屬於自己的餐叉。

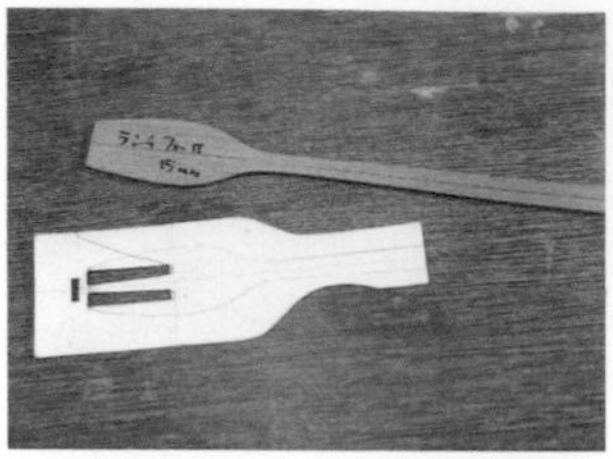

本次使用川端先生製作商品時專用的「餐叉紙型」。

餐叉　長18.5cm，最大寬幅為2.5cm。

材料

櫻桃木。請準備比完成品大一圈的木料。本次使用長32cm×寬4.5cm×厚1.5cm的木料。

道具

手持鋸
鑿刀
雕刻刀
工藝刀
鐵工銼刀
鉛筆
原子筆
夾鉗
線鋸
磨砂器
砂紙
　#80、#120、
　#240、#400
碎布片
紙巾

圖中沒拍到的工具

護木油（川端先生以蜜蠟和紫蘇油調和而成。單用橄欖油或核桃油等亦可）

製作方法

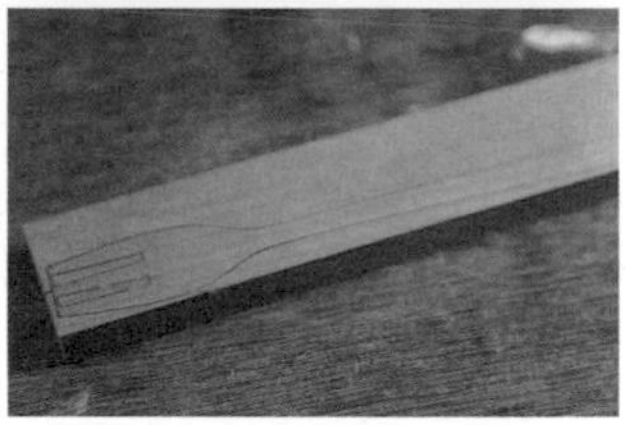

1 將「餐叉紙型」置於木料上，用鉛筆沿著木紋走向畫線。雖然川端先生是使用紙型製作，但也可以隨性畫上個人喜歡的設計樣式。此時，要先測量餐叉前端橫寬的中間點，並作上記號。此記號可成為掌握成品整體平衡的標準。

2 以夾鉗固定木料，用手持鋸與線鋸沿著線條鋸切出輪廓。

3 使用磨砂器打磨木料，磨製出大致的雛形。

4 用夾鉗固定木料，以手持鋸縱向鋸切出餐叉前端的開口（叉尖部位）。一邊從木料正前方檢視，一邊筆直地進行切割。

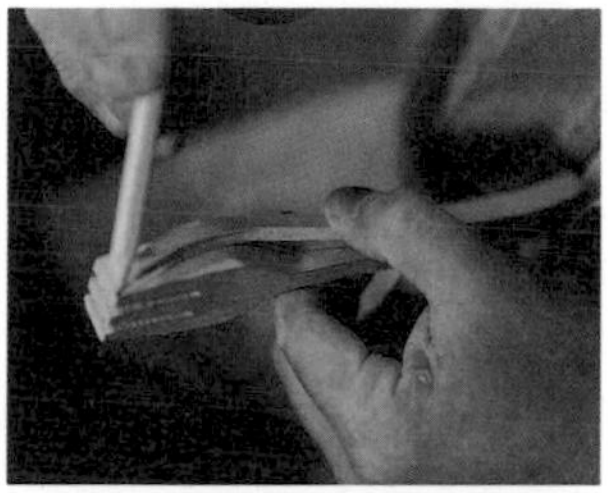

5 以鉛筆畫出餐叉側面的輪廓。川端先生是放上紙型描畫，直接手繪亦可。

6 將木料固定在夾鉗上，以線鋸鋸削出側面的線條。為了避免木料懸空不穩，可在木料下方墊放木片加固。

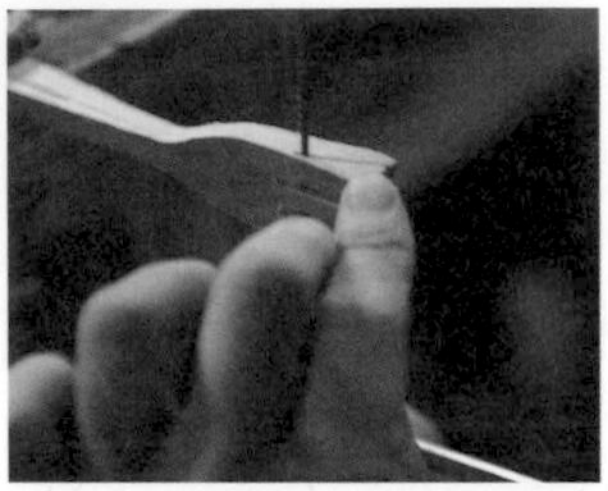

7 以線鋸切割出餐叉叉尖。由尖端開始鋸切，由於木料具有厚度，因此切割起來會稍有難度。

鋸切至形成餐叉原型的狀態。由此開始進入削切作業。

8 以刀具修整成形。先從背面開始削切，待背面定型後再以此為基準修整全體，才能完成美麗的外形。

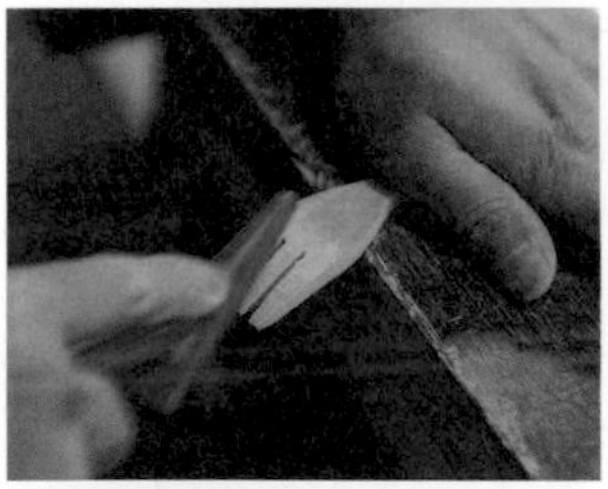

9 待背面大致定型後，以磨砂器打磨拋光，使背面美麗光滑。

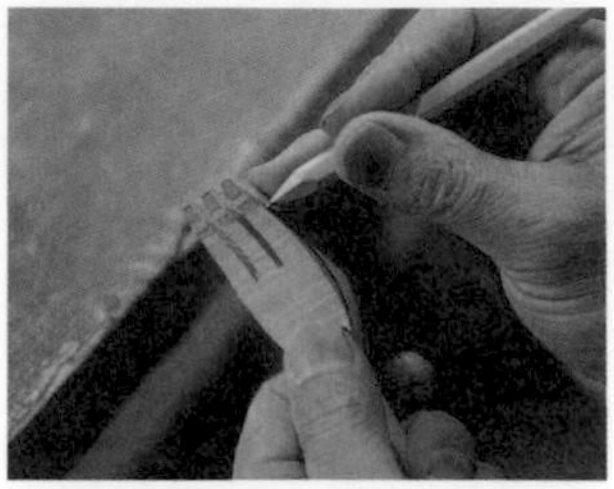

10 以背面為基準，修正設計。用鉛筆描繪正面的輪廓線。

11 像是製作湯匙似的，以鑿刀使勁鉋削出弧度。

12 於木料下方墊放木片，以夾鉗固定，用銼刀打磨餐叉前端的切口。輪流使用不同粗細的銼刀進行拋磨。

製作要點

先鋸出美麗的背面！

一 由背面開始鋸切成形，並以背面為基準，完成正面的加工。

二 應不厭其煩地細心調整夾鉗至穩定。木料一旦懸空不穩，作業就難以進行，可在木料下方適當放入鋸切下來的木片，使之固定。

三 不要過於集中加工某一處，要掌握整體的平衡進行作業。

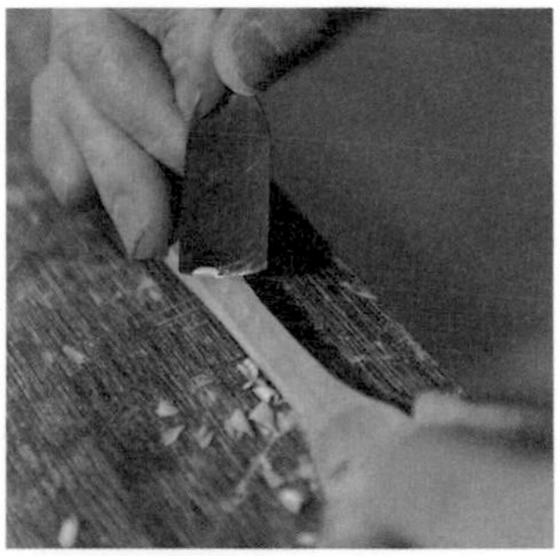

13 以鑿刀修整正面形狀。

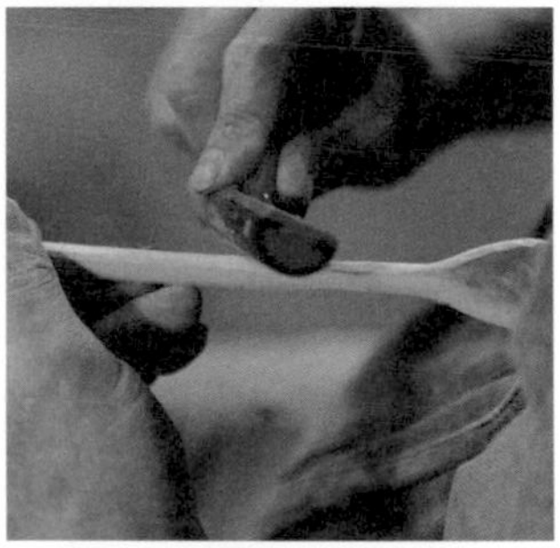

14 以磨砂器研磨餐叉整體。

15 以砂紙打磨。從粗顆粒砂紙開始，依＃80、＃120、＃240的順序進行。同樣先進行背面的研磨加工，一邊檢視整體一邊作業。

16 使用＃240的砂紙打磨餐叉前端切口內側，也同時磨去稜角。叉柄底部的稜角也一併打磨圓滑。

17 用吸飽水分的布片擦拭，再以＃400砂紙迅速拋光整體。

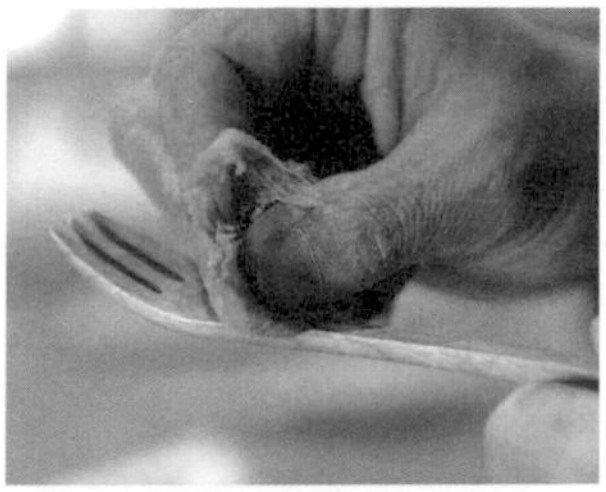

18 塗上護木油。

19 最後以紙巾擦去多餘油脂。

完成

第3章

奶油刀、木鏟、飯勺等

Butter knife
Hera
Shamoji

日高英夫

1956年出生於山口縣。曾任職於名古屋與松本的吉他製作公司，之後在松本技術專門校木工科學習家具製作技術。1985年於長野縣四賀村（現今的松本市）獨立創業，成立工作室。2010年工作室遷移至長野縣佐久市。2016年2月逝世。

飯勺之人

利用加粗握柄更有效率地盛飯 稜角與圓弧完美調合的輪廓線

日高英夫的樺木、橡木飯勺

將日高先生的飯勺放入剛炊煮好的米飯裡，輕輕翻拌使其悶蒸均勻。接著，將米飯盛在碗裡。橡木本身的粗獷質感與粗大握柄的觸感搭配得天衣無縫，切實傳達了紮實的手感。米飯則像是緊貼住飯勺似的，似乎一不小心就盛了太多的飯。

日高英夫先生大學時代雖然主修機械工學，畢業後卻進入吉他製作公司工作。之後，當他想製作身邊所使用的生活用

樺木飯勺。由於家具製作主要使用樺木料，因此飯勺也以樺木製的居多。日高先生表示：「樺木質地堅硬緻密，可以呈現俐落的輪廓。」

左邊2件為長年使用的試作品飯勺，砧板上的則是新品。

品時，便進入松本技術專門校學習木工技術，獨立後於信州山間成立製作家具的工作室。

「我很喜歡夏克式家具，可以感受到作工上的真摯。像是抽屜的鳩尾榫，也能很平實地呈現。是美麗的家具，也非常接近我心目中追求的目標。」

獨立創業後一直從事著訂製家具的工作，但就在大女兒出生時，開始嘗試製作兒童專用湯匙。這也是他開啟木作餐具之路的契機。

「因為有很多製作家具剩下的邊角料，所以我就試著製作湯匙和盤子。餐具是作了之後，令人感到開心又有趣的品項。家具則是必須繃緊神經去製作。」

開始製作飯勺時，大約是快要五十歲的年紀。剛開始，總是無法作出滿意的作品。就在那個時候，妻子雅惠女士一不留意就把飯勺掉進了水槽後方的縫隙裡，怎麼也拿不出來。於是日高先生在情急之下迅速作好，沒想到卻完成了最滿意的作品。

「最初應該是太鑽牛角尖了吧。當我輕鬆地放手去作之後，反而得到了滿意的結果，就連平常總是對我的作品嚴加批評的妻子，也相當喜愛……」

後來，以樺木、橡木製作的飯勺悄悄成為了人氣商品。飯勺很容易被認為是大同小異、製作簡單的品項，然而卻是設計上稍有不同，使用感與外觀就會截然不同。只要試過日高先生的飯勺，就可以實際感受這點。

從握柄連接至盛飯部位的交界處，刻意塑造出相當吸睛的明顯稜線，而橢圓形狀的較粗握柄，具有更穩固的握取效果。上油塗裝使用混合亞麻仁油與桐油的植物油，亦保留了原木肌理的觸感。

「不管是椅子還是飯勺，我都很重視削切時的感覺。這是為了確實呈現出美麗的表面而作的努力。只要鉋削出稜邊，就能使作品整體看起來更為細膩。關於飯勺握柄的上方，因為是手握之處，所以更要精細打磨得圓潤光滑。」

如果不親自使用，根本就不會了解本質上的問題，所以才會一邊使用，一邊不斷改良。因為日高先生抱持著這般理念，才能創造出具有生活感，又能讓人感受到帶點兒夏克式家具風情的木作用品。

日高先生位於信州山間的工作室（松本市的舊工作室。攝於2009年7月）。

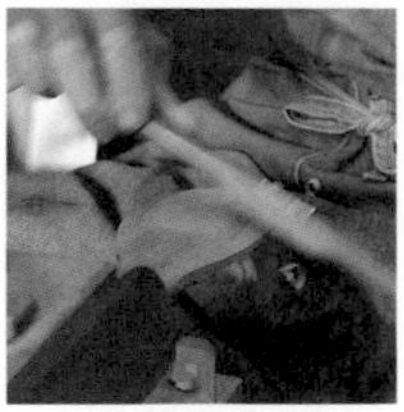

使用鉋削木馬固定木料，再以拉刀鉋削，製作出飯勺的形狀。

盛飯的妻子雅惠女士。

一起待在廚房的日高先生。

日高先生的飯勺，可以切實感到米飯隨著勺子被推動。

除了飯勺以外還有湯匙與餐叉等，日高先生的木餐具作品類別多樣。

絕妙弧度造就握把的服貼感

老泉まゆみ的鍋鏟

鏟之人 1

「大概是拿著的觸感吧？削切過度的木柄會有種不可靠的感覺，不澈底打磨稜角則是握久手會痛……」

詢問老泉まゆみ先生有關鍋鏟製作方面的重點時，對方如此回答。

「我也很重視弧度的連接方式。過於筆直會形成生硬死板的感覺，所以會依照使用途徑，柔和地結合弧度，同時費心地留意整體平衡感。」

北海道蝦夷松製作而成的鍋鏟，確實因為那絕妙的弧度，帶來握柄的服貼感。而鍋鏟前端的弧彎設計，在平底鍋裡翻炒的時候也能夠適當地舀取配料。鍋鏟有左撇子專用款，具有

老泉まゆみ

1962年出生於岐阜縣。曾任職於彫金相關公司，2001年成為北海道置戸町的木工技術研修生。拜師於工藝作家・時松辰夫的門下接受指導。2003年獨立創業，於置戸町勝山成立「atelierもくれん」。

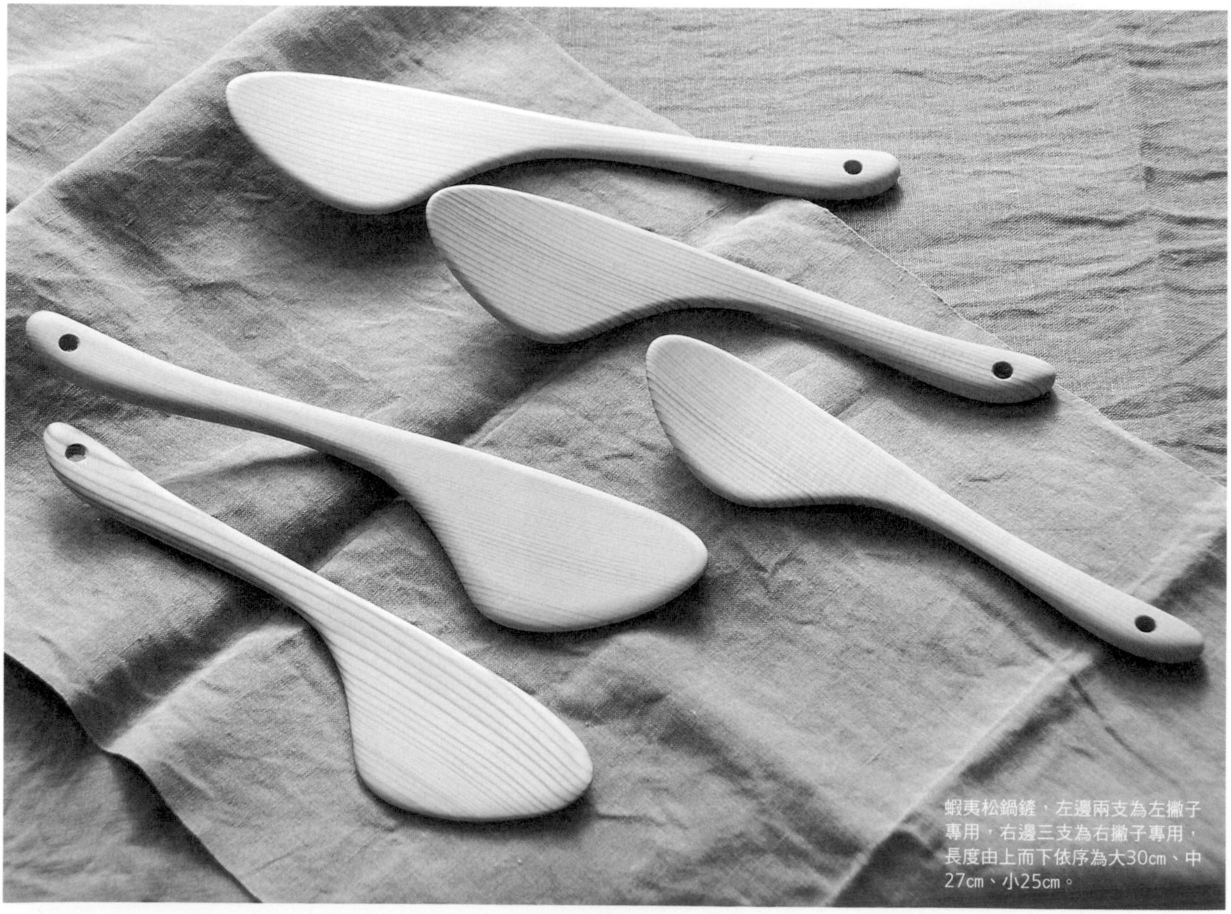

蝦夷松鍋鏟，左邊兩支為左撇子專用，右邊三支為右撇子專用，長度由上而下依序為大30cm、中27cm、小25cm。

與右撇子專用款對稱的弧度。蝦夷松的直木紋既不會過於顯眼，也不過於老氣，這也算是恰到好處的中庸狀態。

「當我作出新產品，就會跟朋友說『你拿去用用看』，再聽取他們試用後的感想。『依我手的大小來看，這裡再稍微細一點會比較好』得到諸如此類的意見回饋，給我提供很大的幫助。當然，我也會親自試用。」

曾在名古屋從事彫金（金工技法之一）工作的老泉女士，由於嚮往北海道的鄉村生活，於是搬到了置戶町。後來成為「OKE CRAFT」木作藝品的研修生，獨立後開始鍋鏟的製作。如今主要商品為鍋鏟，同時也製作餐叉、蛋糕鏟等木作餐具。

「本來是當地的大嬸在製作鍋鏟，但因健康狀況不佳而無法繼續。於是就詢問我要不要試試看……生活在自然資源如此豐富的環境裡，當然擁有很想創作的念頭。」

原本是小村落幼兒園的建築物，作為工作室與住家使用。

「繼續製作著可以獲得讚美，別處沒有的東西」老泉女士懷抱著這種想法，一天又一天的使用北海道自產的木料，不斷製作出方便好用的鍋鏟。

老泉女士平日使用的翻鏟。

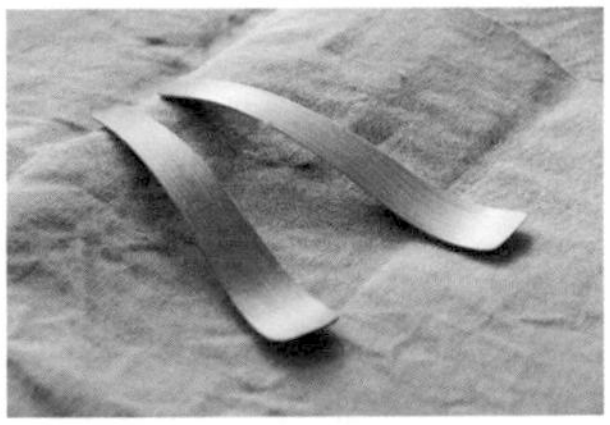
冰淇淋勺，材質為樺木。

鍋鏟最適合於平底鍋炒菜用。

蛋糕鏟，木材為橡木（上）與樺木。

正在工房作業的老泉女士。

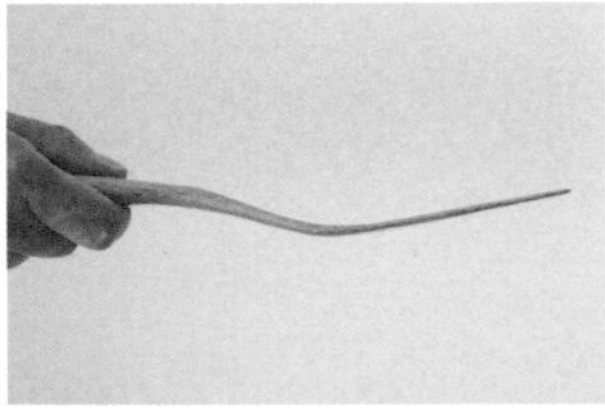
蛋糕鏟的側面。

追求栗木與日本稠李的實用性與美感以南京鉋鉋削而成

大久保公太郎的木鏟

以栗木、日本稠李削製而成的木鏟，長28～30㎝。

大久保公太郎

1979年出生於長野縣。富山大學經濟學系畢業。曾任職於飲料大廠，之後在京都從事門窗隔扇的製作與修復。2011年於長野縣上松技術專門校學習家具製作。2012年於長野縣松木市成立「大久保House木工舍」。

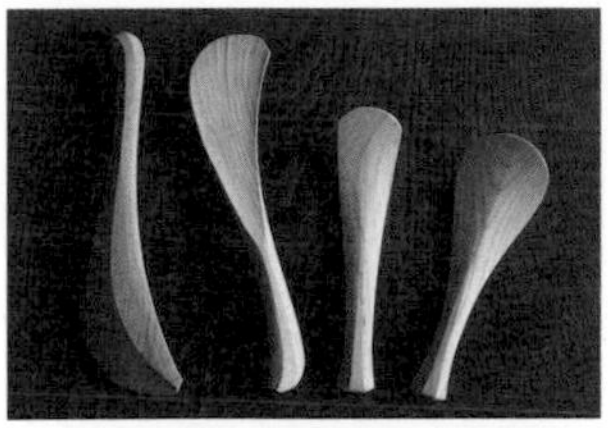

栗木製的飯勺。栗木從日本的繩文時代開始，就廣泛運用於各種用途上，是日本人十分熟悉的木料。

採納料理研究家和妻子的感想，漸漸修改而成的造形。

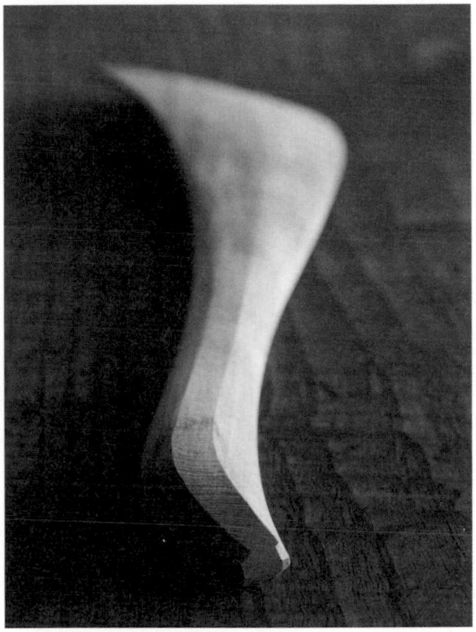

美麗的輪廓線與鉋削痕跡格外顯眼。

單手拿著南京鉋鉋削日本稠李的大久保先生。

妻子修子女士以愛用的日本稠李木鐽翻炒洋蔥。

以平緩流線的弧度構成輪廓，極短的簡潔直線切割而成的前端，從側面望過去，風姿綽約的彎曲令人印象深刻。並非只有美麗的外觀，一拿在手上，握柄那清晰可見的鉋削痕跡線條，令人備感舒適。

由於木鐽是料理時使用的工具，光有美麗的外觀卻不具實用性是不行的。澈底追求設計與實用層面的大久保先生，連微乎其微的弧度與角度差異都要進行微調，以此態度進行木鐽的製作。鍋鐽外側的弧度，是為了盡可能作成服貼平底鍋壁的曲線，前端的切角則是翻炒絞肉末等料理時的一大利器，需要用來舀點兒調味料的時候也非常方便，是一把完美融合實用性與優美造形的木鐽。話說回來，起初之所以會開始製作木鐽，是因為妻子修子女士的要求。

「我這人是一旦開始製作便停不下來的個性。湯匙就是朋友拜託我才開始製作的。後來，漸漸對木鐽和湯匙產生了興趣，一邊聽取使用者的意見，一邊澈底鑽研改良。所謂方便翻面的木鐽，究竟該怎麼作才好？由於握法因人而異，所以什麼樣的形狀才對呢……如今的我，則是一年大約製作一千五至兩千把的木鐽。」

木鐽素材使用紋理緊密遒勁的栗木，以及肌理光滑平順且帶有些許紅色調的美麗日本稠李。

「栗木非常耐用，而且還會隨著經年累月的長久使用，逐漸形成素雅沉穩的色調。因為經得起鉋刀唰唰唰的鉋削，所以很適合手工作業。日本稠李本身帶有粗獷的風情，可以讓木鐽這樣的小工具呈現出更豐富的表情。完成的作品不僅相當美麗，且柔韌有彈性，也兼具強度。」

大久保先生在京都從事門窗隔扇的工作之後，進入技術專門校學習木工技術。就連競技鉋削技法的「削ろう会（Kezuroukai）」賽事都熱情參與。也廣泛收集了許多古器具及磨刀石，令人感受到相當熱愛鉋削技藝的印象。

「無論是現代人還是一百年後的人，日本人也好外國人也好，我希望繼續創作出所有人都能夠使用，更好更完美的逸品。」

大久保先生懷抱著這樣的理想，日復一日手持南京鉋，持續鉋削著木料。

木工作家們的作品

各種奶油刀與木鏟

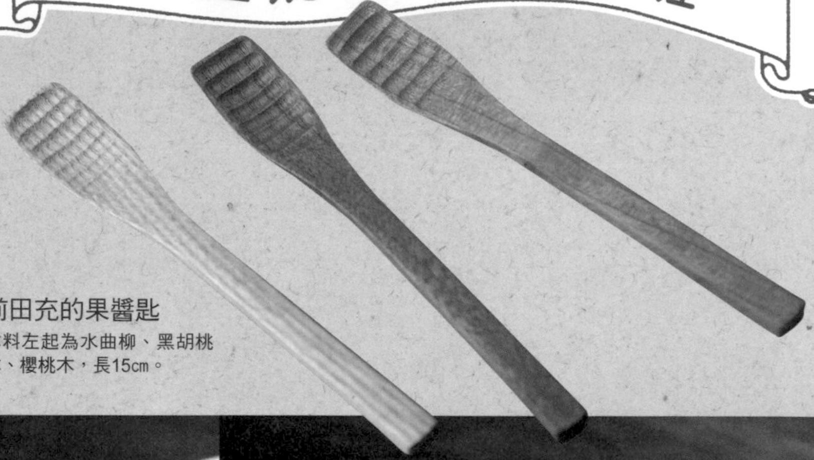

▼
山極博史的料理鏟
無塗裝的檜木。無論翻拌沙拉還是盛飯，任何用途皆可使用的萬能型木鏟，握感相當舒適。

▶
前田充的果醬匙
木料左起為水曲柳、黑胡桃木、櫻桃木，長15㎝。

▲
川端健夫的奶油刀與果醬刀
下為奶油刀（楓木），果醬刀則是黑胡桃木。

◀
山極博史的奶油刀
櫻桃木塗裝核桃油。使用方便、握感舒適之外，擺在餐桌上就如同一幅靜物畫。

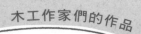

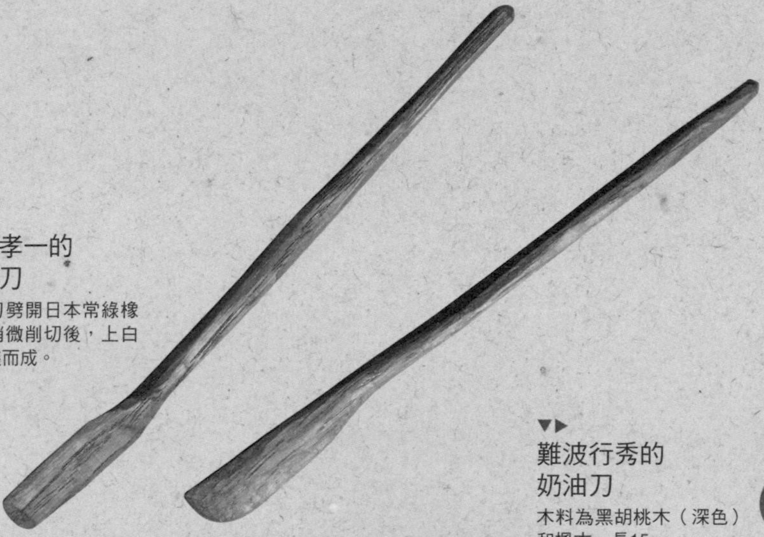

▶
富山孝一的
奶油刀
以柴刀劈開日本常綠橡木，稍微削切後，上白漆塗裝而成。

▼▶
難波行秀的
奶油刀
木料為黑胡桃木（深色）和楓木，長15㎝。

▲
日高英夫的奶油刀
為了打造出輕薄感，使用樺木製作而成。

◀
山極博史的果醬鏟
櫻桃木塗裝核桃油製作而成。

各種奶油刀與木鏟

動手作作看 3

奶油刀

by 山極博史

在吐司上塗抹奶油。奶油刀雖然不起眼，卻是活躍於早餐餐桌上的重要道具。正因為是每天都會使用的小物，所以要不要試著打造一把用起來特別開心，從而產生感情的愛用奶油刀呢？而且作業工序也沒那麼難，只要一刀一刀慢慢削切，就連初學者也能製作出原創性十足的實用品。

指導者為山極博史先生。

請配合第4章的奶油盒習作，一起試著作作看吧！

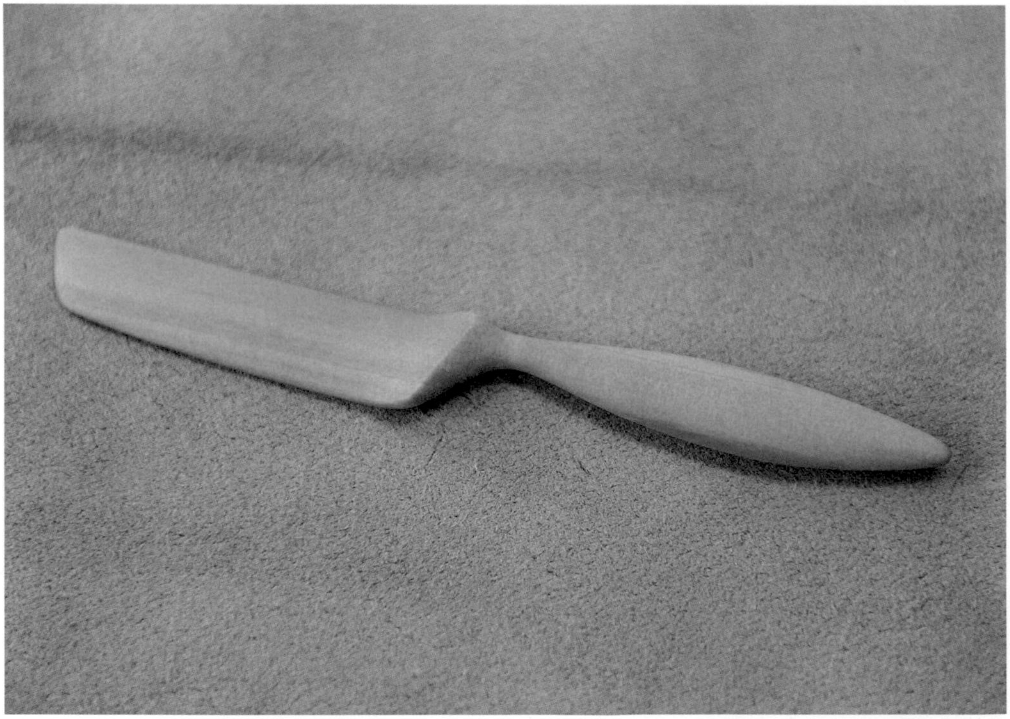

奶油刀 長18cm，最大寬幅為2.3cm。

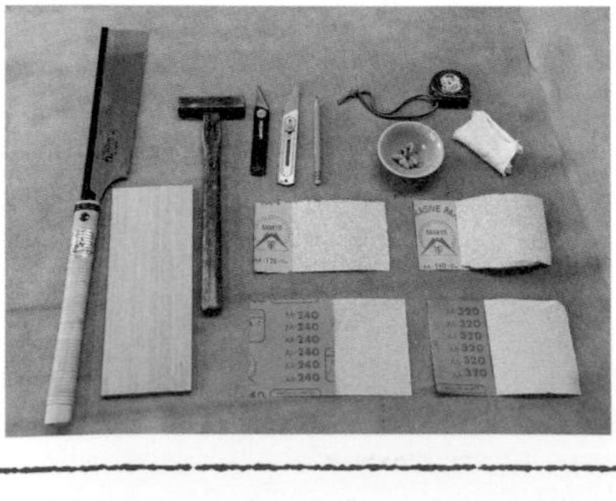

材料

貝殼杉板材（可於大型居家修繕中心購買，厚度為1cm）

工具

手持鋸

榔頭

工藝刀（或小刀）

鉛筆

捲尺

核桃仁

布片

砂紙

＃120、＃180、＃240、＃320

＊注：山極先生為左撇子。

製作方法

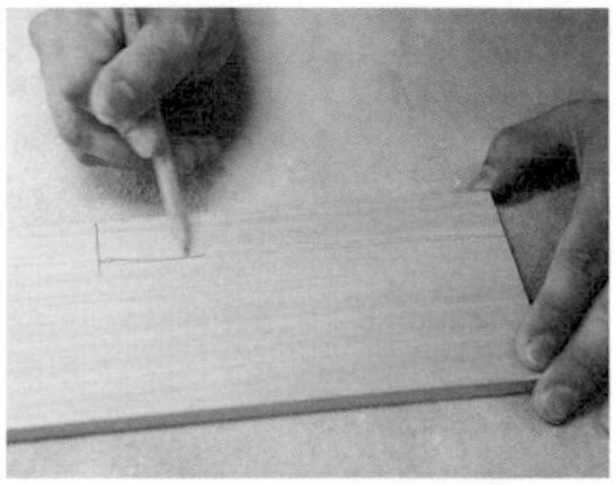

1 在木料上畫出約18㎝×2㎝大小的取材範圍（以鉛筆畫線）。

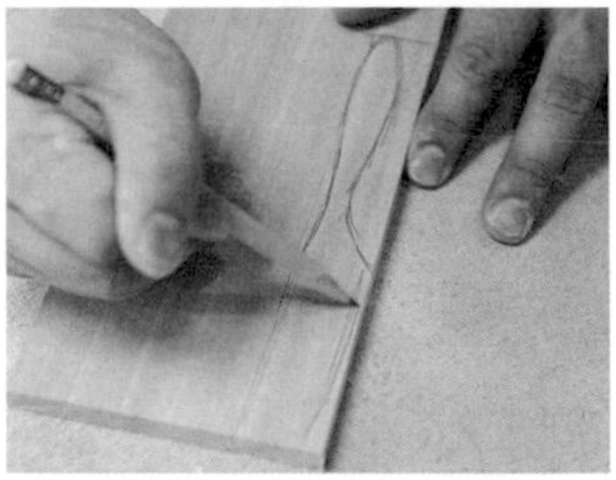

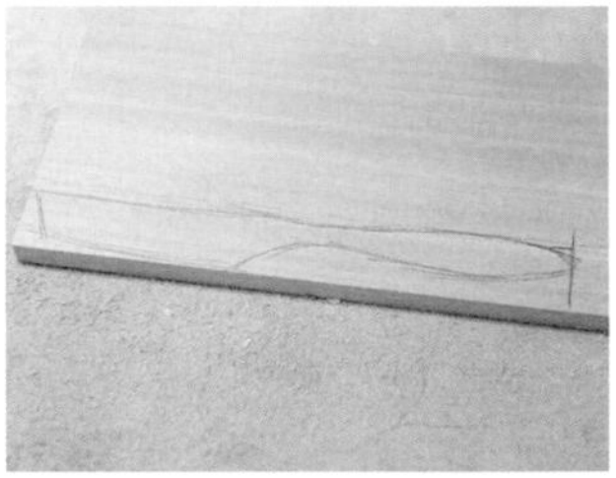

2 以勾勒出來的範圍為基準，畫出想像的奶油刀設計圖。

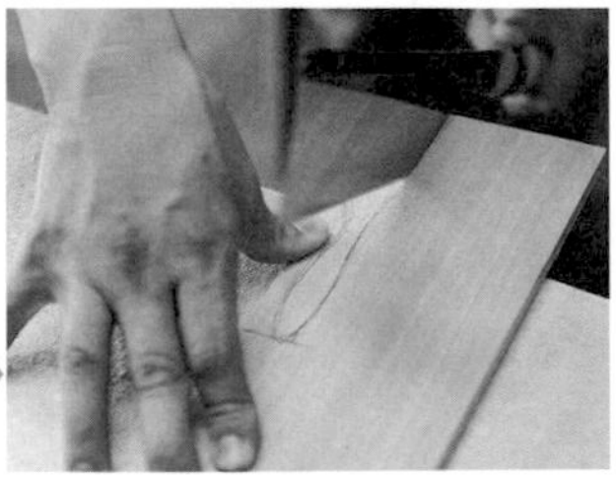

3 以手持鋸沿著畫好的鉛筆線輪廓鋸切。首先，沿著木料兩側的長邊鋸切。

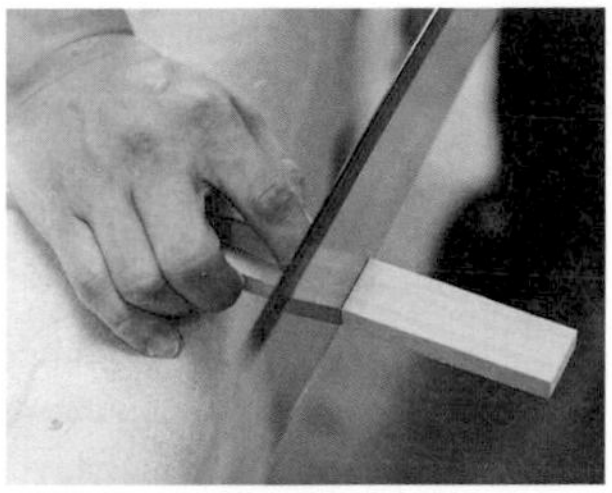

4 確定奶油刀的長度，鋸切開口。

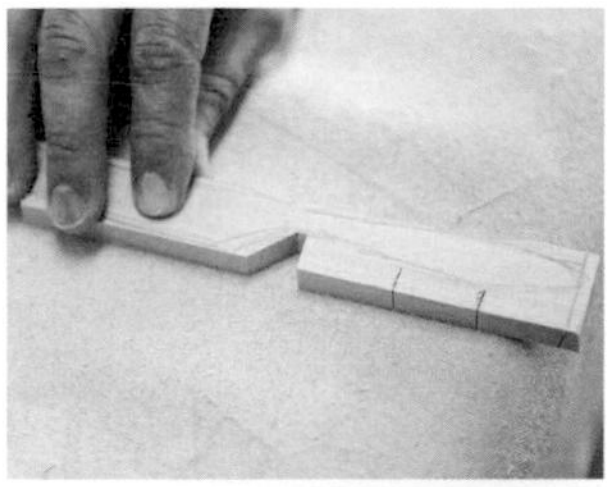

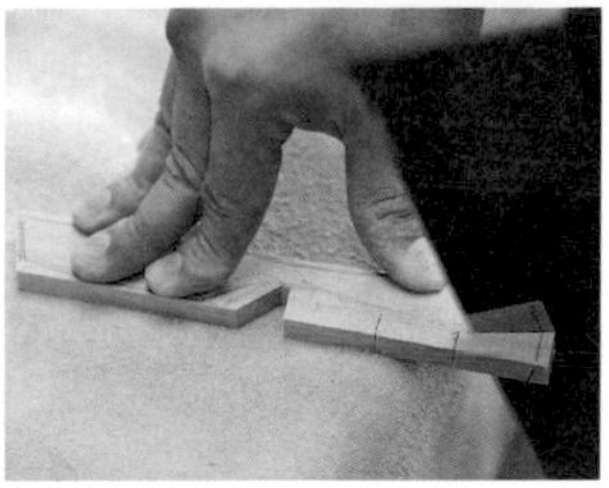

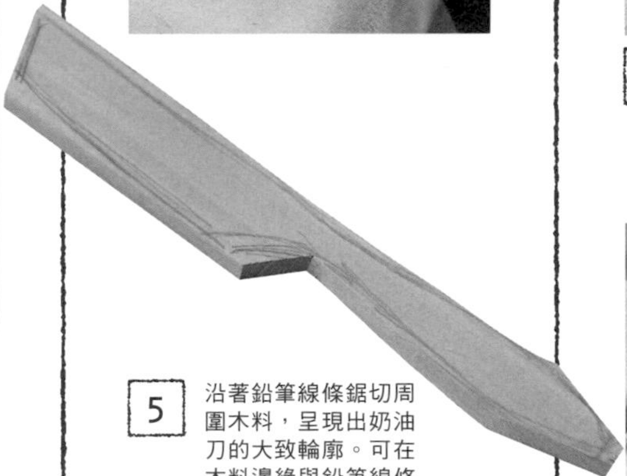

5 沿著鉛筆線條鋸切周圍木料，呈現出奶油刀的大致輪廓。可在木料邊緣與鉛筆線條之間切出幾處缺口，再以手持鋸進行作業，會比較容易。

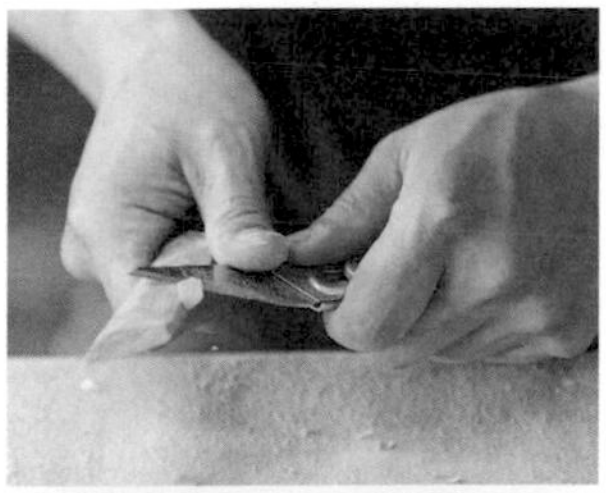

6 以工藝刀專心削切，像削鉛筆一樣削去多餘木料。

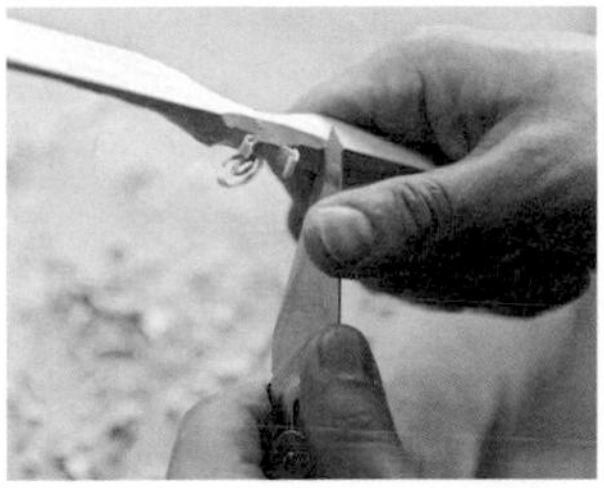

7 若削切時感覺工藝刀卡在木料上，難以進行時，此為逆紋的部分，可試著改換木料方向繼續作業。先將木料削薄，再來確認木紋為宜。

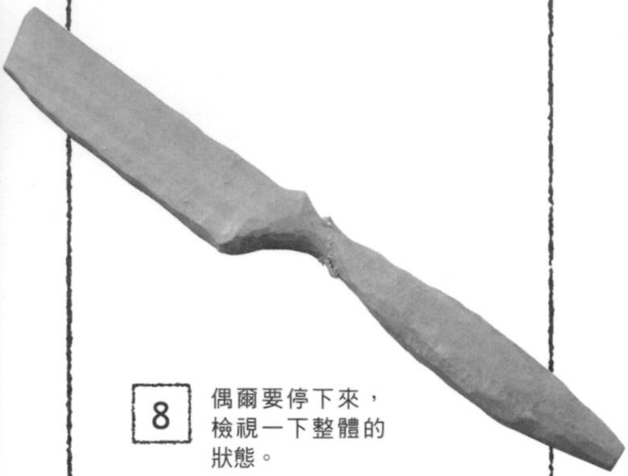

8 偶爾要停下來，檢視一下整體的狀態。

9 一邊在腦海中勾勒成品模樣，一邊進行削切。山極先生的奶油刀，其特徵是握柄與刀刃交接處有高低落差。

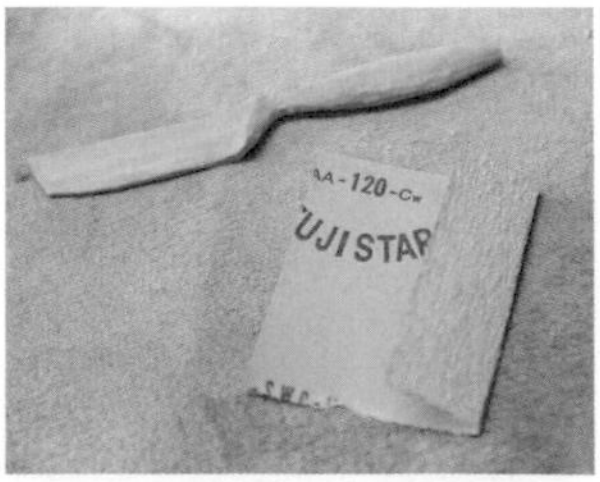

10 大致成形後，以砂紙打磨。首先，用＃120的粗砂紙開始研磨。

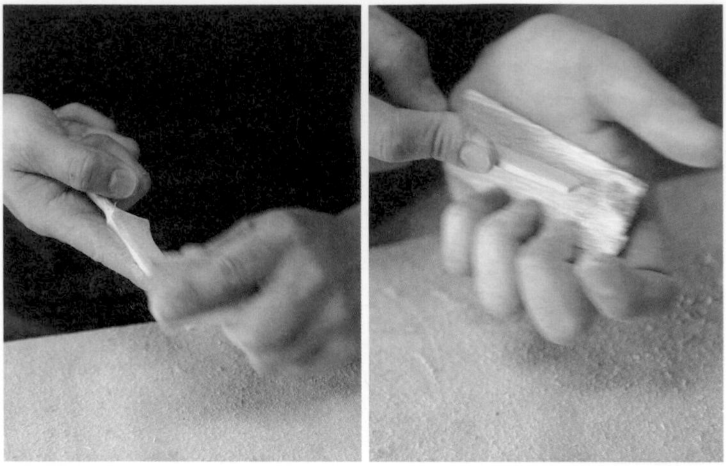

11 固定木料後，滑動三摺的砂紙進行研磨。奶油刀的刀刃部分，不妨將砂紙置於手掌上，猶如磨刀般移動木料來研磨。依照不同部位，嘗試各式各樣的打磨方法吧！

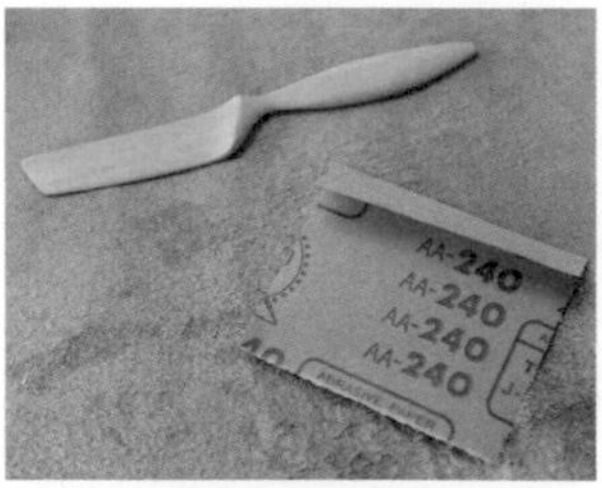

12 一邊檢視完成程度，一邊改換成＃180和＃240的細砂紙進一步研磨。只要不斷輪流研磨木料整體，即可使表面變得平滑。

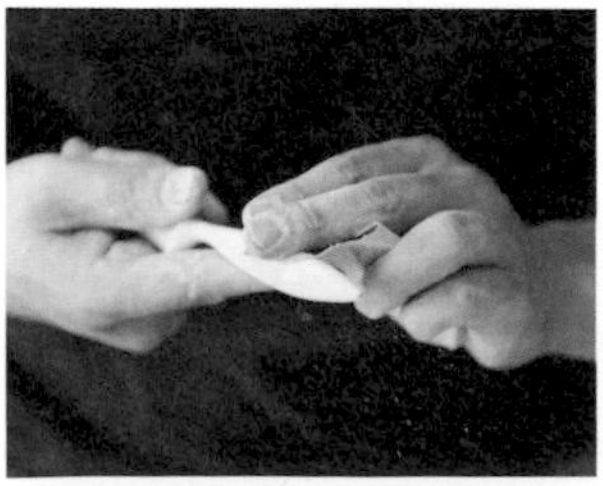

13 最後使用＃320砂紙進行拋光作業。以快速滑過的感覺進行打磨。

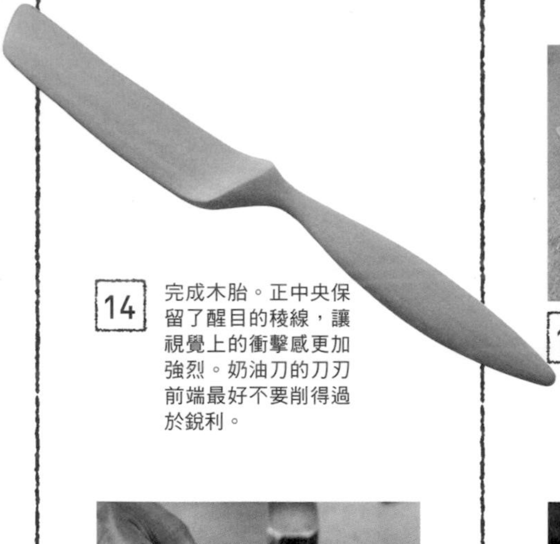

14 完成木胎。正中央保留了醒目的稜線，讓視覺上的衝擊感更加強烈。奶油刀的刀刃前端最好不要削得過於銳利。

15 用布片包住核桃仁，再以榔頭敲碎。

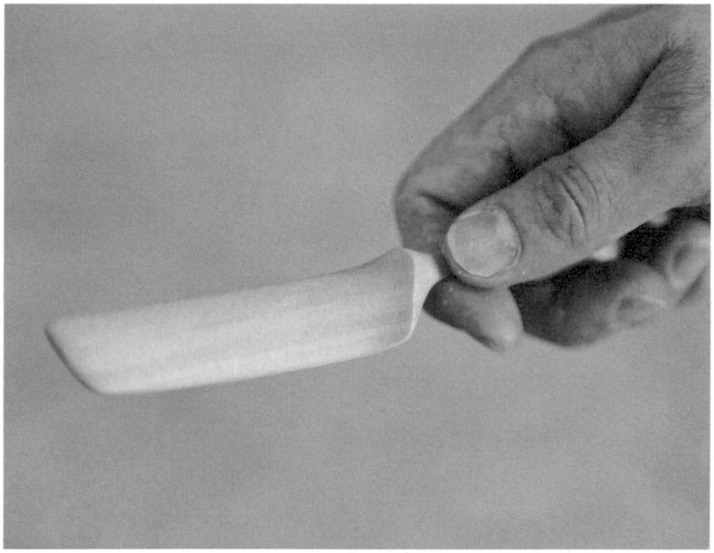

完成

16 將滲出的核桃油均勻塗抹在木胎上。

製作要點

一點點地進行刀削！

一　不要集中於一處進行削切或研磨。應該掌握整體平衡，客觀地檢視與加工。山極先生表示：「一刀一刀地慢慢削切會比較好。」

二　完成削製作業的同時，奶油刀整體的形狀也大致定型。接下來使用砂紙加工，打磨表面使之細膩平滑。

三　覺得將木料拿在手上很難進行懸空削切的人，不妨放在桌子上來作業，會比較方便。

四　挑選容易取得的木料即可，由於貝殼杉的硬度適中，完成品很漂亮，亦常見於大型居家修繕中心或木材行，因此推薦選用。

披薩刀

by 片岡祥光

說到披薩刀，印象中應該都是有著金屬製圓形滾刀，一邊轉動一邊切開麵皮的類型。這裡介紹的則是形似伊努特人自古以來使用至今，名為「muru」的刀具形狀的披薩刀。喜愛披薩的木工作家片岡祥光先生，在個展中陳列了樺木製作的披薩三件組（披薩刀、披薩盤、披薩鏟），博得一片好評。這次他重新調整製作流程，將作法改成適合初學者製作的程序，雖然還是有點難度，不過喜歡披薩的人，請一定要嘗試挑戰看看。

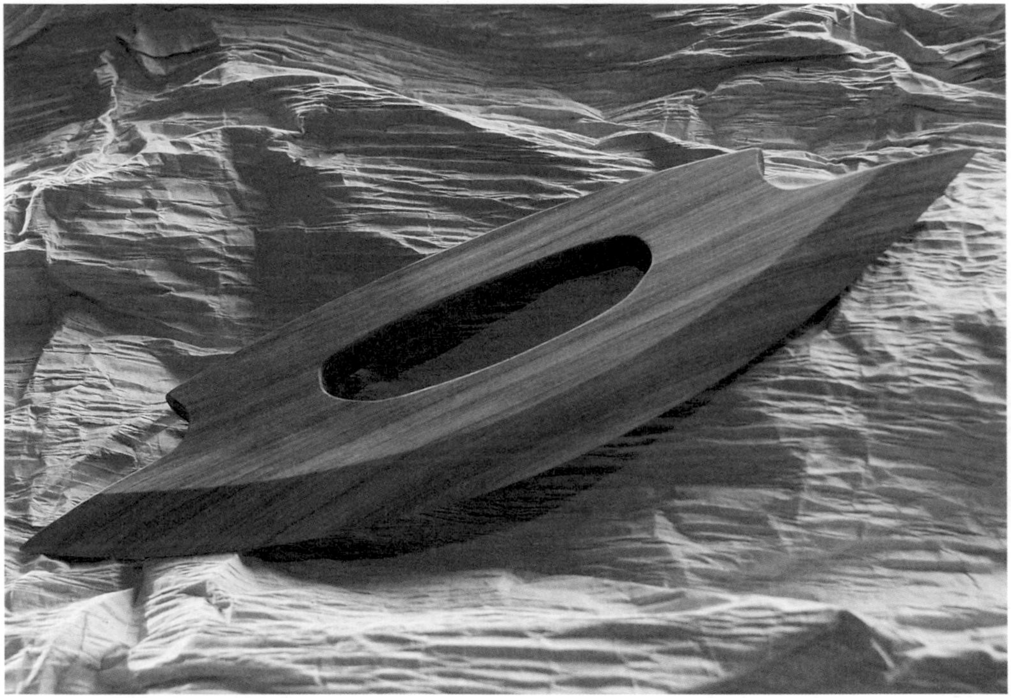

披薩刀 寬25.7cm，高7cm，上方厚度為1.2cm。

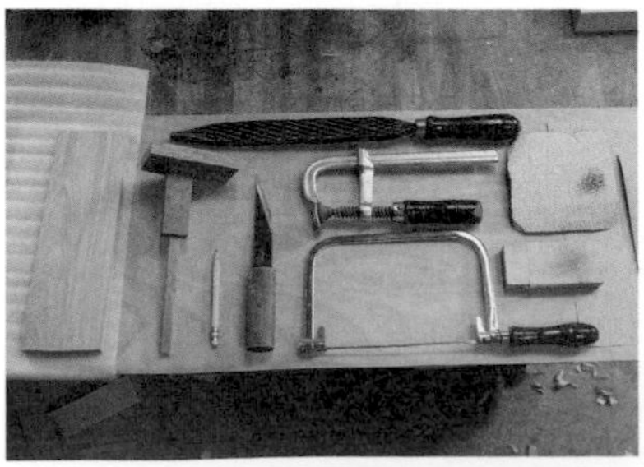

材料

樺木（亦可使用橡木、櫻桃木、黑胡桃木等。請使用未經防腐處理的木料）。本次選用長27cm、寬8cm、厚度1.2cm的木料，只要比完成品大的木料即可。

工具

線鋸
切出小刀（或是工藝刀等）
木工銼刀
夾鉗
畫線規（畫線刀）
鉛筆
砂紙 ＃80、＃180、＃240

圖中未拍攝物品

電鑽機
膠水
圓角規

製作方法

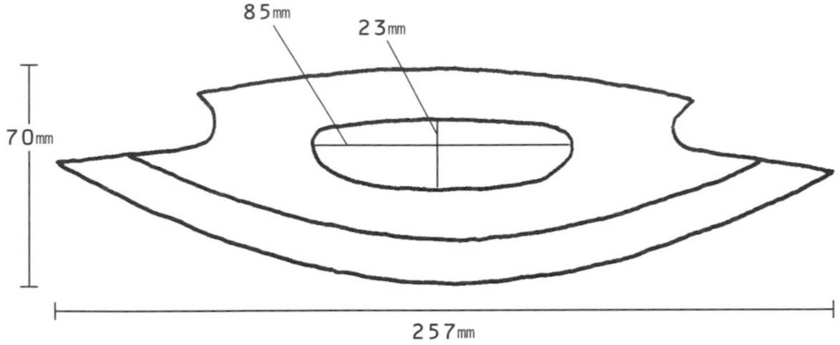

※尺寸僅供參考。

1 描繪設計圖。上圖為原寸35%的縮小版。複印時放大286%即為原寸，亦或參照圖示，直接徒手概略地畫出圖形。若想畫出十分規整的設計圖，不妨使用圓角規描畫。

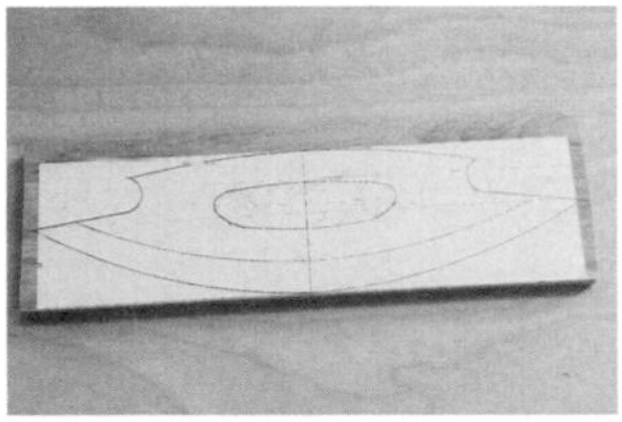

2 剪下設計圖作為紙型，用膠水黏貼於木料上，刀刃中心要對齊木料的下緣。

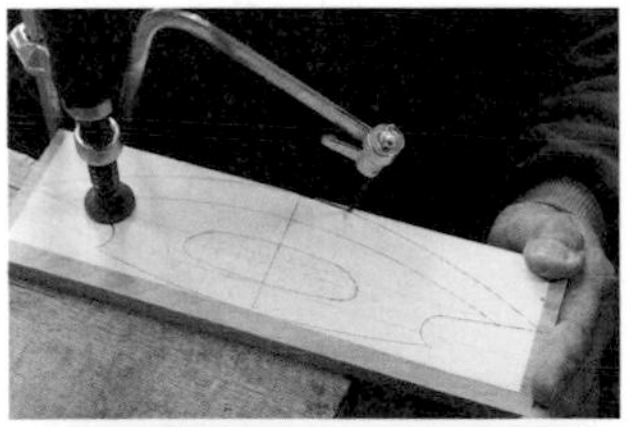

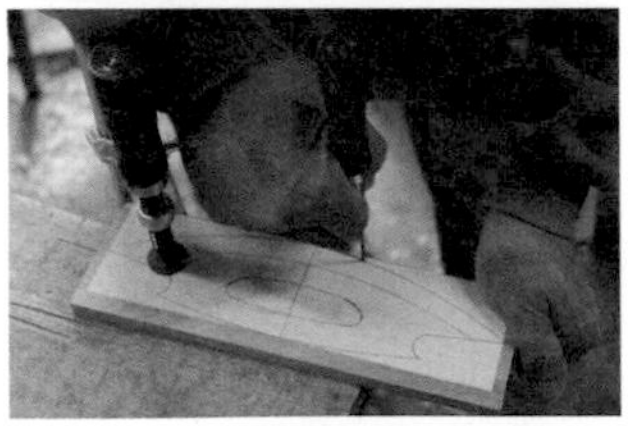

3 木料以夾鉗固定後，用線鋸鋸切出大致的輪廓，但是必須在握柄上緣預留約1cm的木料。這個部分之後將作為固定之用。如此一來，線鋸不論是往上或往下都方便操作。

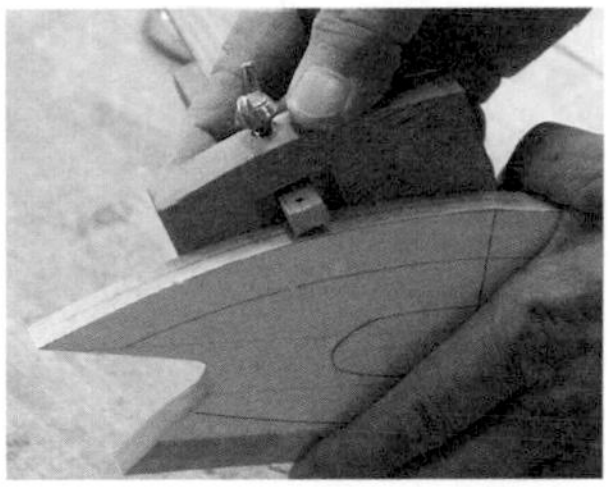

4 以畫線規畫出刀刃處的中心線。沒有畫線規也可以用直尺量出6mm（板材厚度1.2cm的正中央），分別於幾處標上記號，再以鉛筆畫線連接。

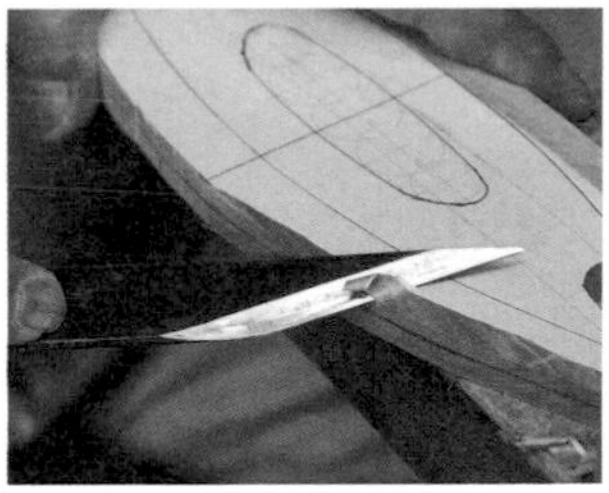

5 用小刀慢慢將披薩刀的刀刃部分削成斜面。自刀峰算起1.5cm處為斜面範圍。一邊保留厚度中心的鉛筆線（此處為刀峰），一邊削切兩側使其均等對稱。

＊宛如推出刀子，利用從刀尖滑至刀柄的方式進行削切，為其訣竅。

＊使用夾鉗固定步驟3預留的上側1cm木料，再進行作業會更容易削切。

6 使用木工銼刀打磨刀刃部分。

7 在木片上纏繞砂紙，研磨披薩刀的刀刃部分，消除銼刀痕跡。由＃80的粗砂紙開始，依序改換＃180、＃240的砂紙打磨。

8 挖去手握處的開口木料。首先以電鑽鑽出2個供線鋸通過的孔洞。

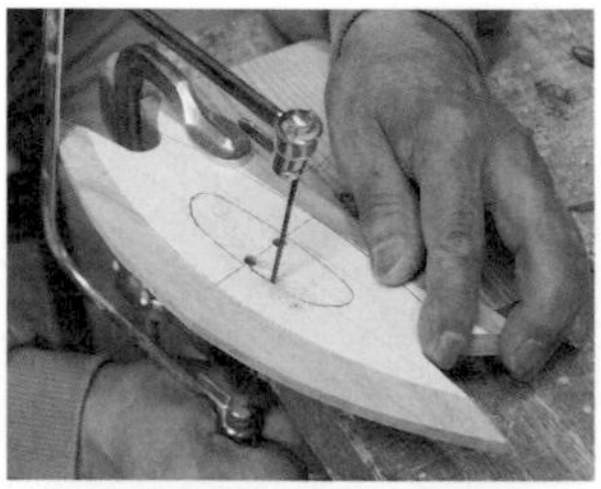

9 將線鋸鋸片穿入鑽好的孔洞鎖緊固定，以夾鉗確實固定木料後，開始鋸切。

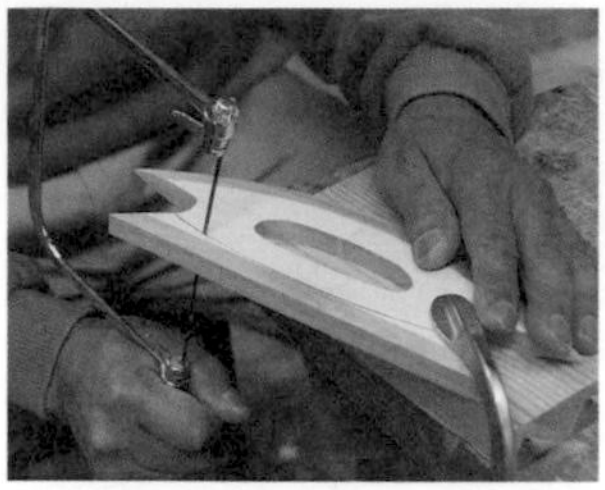

10 以線鋸切除上側預留的木料。

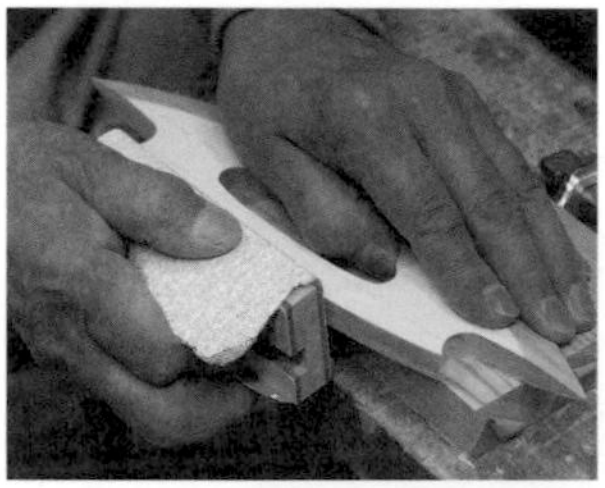

11 以砂紙磨去線鋸的刀痕，依照＃80、＃180、＃240的順序進行打磨。再用溼布擦掉黏在上面的紙型。

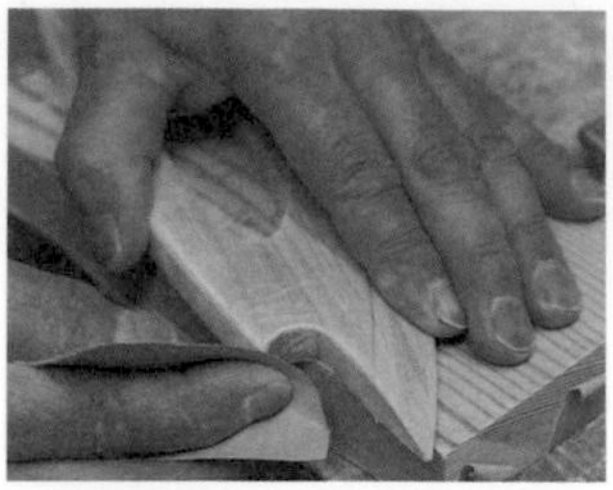

12 以砂紙打磨稜邊角。將木料粗糙銳利的稜角處磨得平滑，增添些許圓潤感。

13 也不要忘記處理開口的內側部分。最後，用＃240砂紙打磨刀刃部分進一步拋光，完成木胎。

製作要點

披薩刀的刀峰適當即可無須過於銳利

一　披薩刀的刀峰若是修得過於銳利（太薄），刀刃部分的耐用持久度就會變差。適當的銳角即可。

二　請仔細掌握整體的平衡感。雖然是實用物品，但外觀上的平衡感也相當重要。

三　運用刀子的刀尖至刀尾，以滑推的方式進行削切，阻力較小也易於削切。

四　以線鋸進行鋸切時，不妨將鉛筆線畫得較粗，再以消除那條鉛筆線的方式進行鋸切，比較容易作業。

片岡祥光先生拿著才製作好的披薩刀，前往義大利餐廳。主廚從石窯裡取出剛剛烤好的披薩（瑪格麗特披薩），技巧高超地放在片岡先生親自鉋削製成的樺木盤上，端到饑腸轆轆眾人面前的餐桌上。

片岡先生輕巧晃動著披薩刀，切成八等分。又用他親自打造的樺木披薩鏟將披薩分給眾人，一起品嘗這美味誘人，已經完全與披薩刀、披薩盤、披薩鏟融為一體的瑪格麗特披薩。

「學生時代，學長帶我到一家飯店的餐廳。他問我『想不想吃披薩？』，於是就有了與披薩

主廚從石窯裡把剛烤好的披薩取出，
放到樺木製的披薩盤裡。

用自製披薩刀切分披薩的片岡先生。

14 於最後的上油塗裝是塗抹橄欖油。放手塗抹，經過幾分鐘的晾乾後，用布片擦去多餘油脂就完成了。

完成

的第一次邂逅。竟然有這麼好吃的食物！這是三十多年前的往事了。」

或許是因為回憶起這段往事吧？木工藝品作家片岡先生，首先嘗試製作了披薩專用盤與披薩鏟。如此一來，果然還是想要配成套的披薩刀。心想能不能以木材來製作看看呢？於是就完成了這款披薩刀。

第4章

木箱、木盒

Box.Case

以無比精巧的技藝
完美呈現洗練設計
丹野則雄的六角形茶罐

箱之人❶

丹野則雄

1951年出生於北海道。北海道設計研究所畢業，曾任職於Interior Center（株），1980年於北海道旭川市成立工作室。獲得「以箱思考的遊戲木箱展92～93」展大賞等榮譽。由各種木材製作而成的名片盒尤其聞名。

「總覺得，一直在製作木箱呢！」正如同丹野則雄先生所言，聽說還被親近的朋友取了個「箱男」的綽號。此外，也有人稱呼他為「Catch丹野」。所謂的Catch則是指鎖扣，當箱盒毫無間隙的巧妙扣合，就會發出清脆悅耳的聲響。為了想聽盒蓋關起來時的喀嚓聲，於是無意間開開關關了起來。

丹野先生的思維與言論，總是讓人感到意義深遠。「設計是一種體貼的心」、「木頭會用它生長的土地語言來和我們溝通。加拿大產的楓木，會說英語而且身材高大」、「作業中的機械聲響，對我而言是無比安靜的聲音。因為那時的我聽不到任何聲音，美好的創意正浮現我的腦海中」、「若沒有成就一定的量，就達不到質的變化」等。

最為出眾的金句則是「箱盒裡別有洞天」。這句話斬釘截鐵地表現出，長年沉浸於製作木箱的丹野先生的思維。「箱盒具有一種吸引人的魅力，箱裡存在著另一個與外面完全迥異的空間。雖然外觀是製作者賦予的，使用之人卻構築出內在的世界。透過製作者與使用者，才算是完成一個真正的箱盒。」

這樣的丹野先生接受了客人的訂單，製作了一個用於保存茶葉的小盒子。

「一般茶罐都是圓形，我卻想到接近圓形的六角形。因為有六個角，所以會比四角形更容易歪曲變形，這點讓我費了些心思。製作箱盒的困難之處，在於轉角的接合固定。過於緊密是不行的，最理想的狀態是內側留有一絲空隙，不僅完成的外觀最好看，也最堅固。」

雖然製作上仍必須嚴守牢固緊實的結構，不過丹野先生提到的「內隙」——以微妙感覺於邊角內側保留些許空隙的說法，似乎也有其必要。這個六角形茶罐的特徵，就是還有一個內箱。將內箱收入外箱裡時，會宛如被吸進去似的緩緩沉下去。「我就是想作這個」俏皮說著的丹野先生，彷彿只有他才辦得到，如此恰當緊貼的技法。

「事實上，茶匙的製作比茶罐更加費心。原本想在茶罐內附上茶匙作成一套組合，於是設計成摺疊式，然而卻面臨合葉軸心的鬆緊或木料的弧度修邊等難題……」

茶匙合葉的開啟狀態，既不能太緊也不能太鬆，必須在舀取時可以確實承載茶葉的重量。而使用完畢後，疊合的茶匙造形還要貼合內蓋提把，以便收納。就算已經將茶葉放入茶壺內，我會也會下意識地不斷把茶匙摺疊、打開無數次……

闔上茶罐的外蓋後，理所當然的從鎖扣處發出「喀嚓」的聲響。丹野先生也說：「聲音好聽，心情自然好」。依據木材種類的不同，聲音好像也有所差異。

聽說最近在製作一個八角形的木箱。「這種轉角很多的箱盒，作起來真的挺費神啊」雖然這麼回答，但那絕對不是痛苦的抱怨，而是傳達了挑戰新作品其實感到很興奮的心情。他臉上沉穩的笑容就證明了一切。

六角形茶罐。材質為黑胡桃木（外箱）、懸鈴木（內箱）、印度紫檀（茶匙、鎖扣）、薔薇木（鎖扣）。摺疊式茶匙的前緣，厚度僅1mm左右。

宛如下沉般安靜落下的內箱。「我就是想作這個」如此說道的丹野先生，是木工藝品作家們都感到敬佩的一號人物。

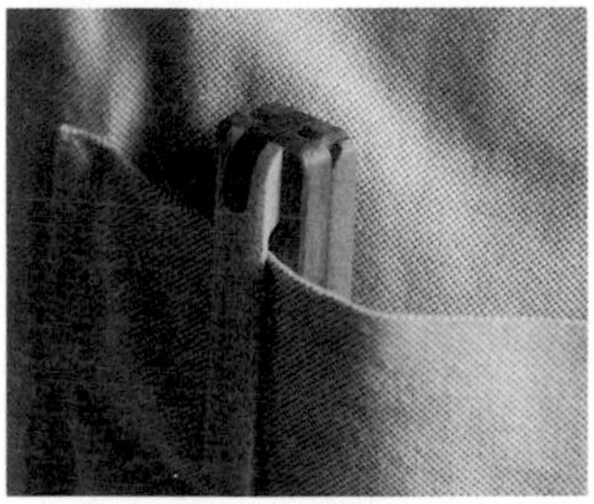

收納於胸前口袋的牙籤盒。

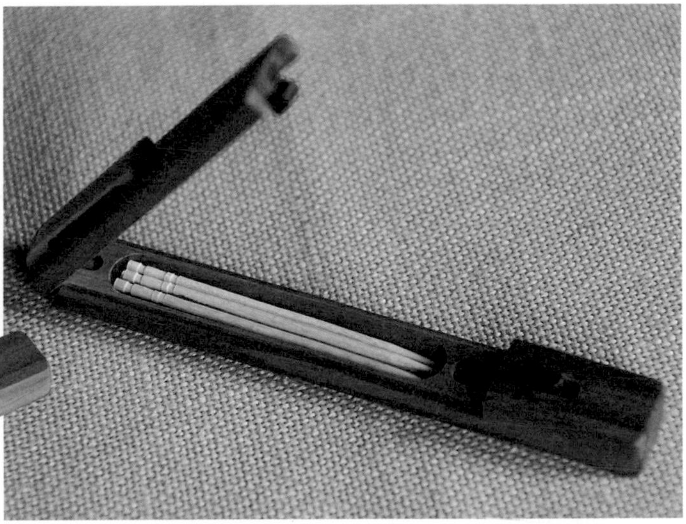

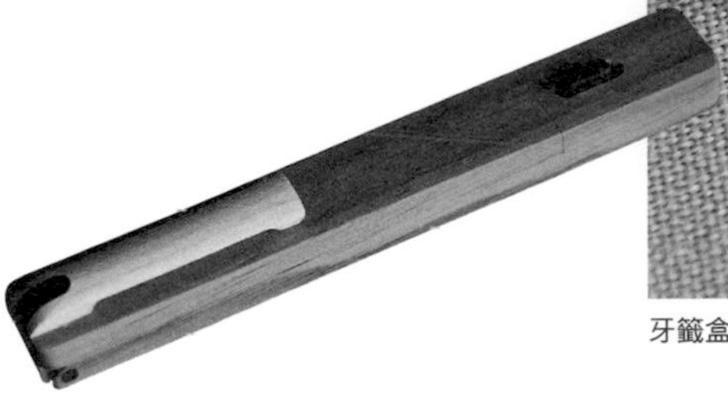

牙籤盒，長12cm×寬1.5cm×高1cm。材料為印度紫檀、薔薇木、色木槭等。

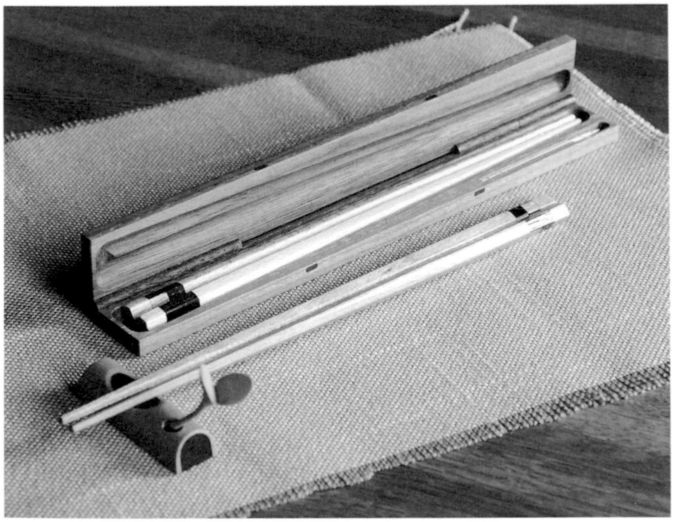

五角形的筷子與筷盒（黑胡桃木）以及筷架。筷子上使用了橡木、印度紫檀、薔薇木、黑胡桃木、黑檀木等的木料製作鑲嵌裝飾。

闔上蓋子的筷盒，長24cm×寬3cm×高1.4cm。

丹野先生表示：「我想作一些別人沒作過的東西。」

堀內亞理子

1976年出生於北海道。秋田公立美術工藝短期大學專攻科畢業。2000年完成岩手縣安代町漆器中心的研修課程。目前於北海道旭川市進行工藝製作。

箱之人❷

纖細盒身與漆的調和創造出新鮮感

堀內亞理子的辭典便當盒

誠如其名，毫無虛假，幾乎與辭典同等大小。外形纖瘦的三層便當盒「辭典便當」，是從漆藝作家・堀內亞理子女士高中時代的回憶中誕生的作品。

「將便當盒與辭典一起放入書包，再去上學。由於回想起這個情景……」

她自行描繪設計圖稿，再委託木工職人丸一直哉先生製作木胎。堀內女士在鉋削好的栓木盒上，重複進行了六道上漆塗裝的工序。

日經新聞的報紙專欄曾經介紹過「辭典便當」，於是接到了大量來自日本全國各地父執輩上班族的詢問。能夠完美收納於公事包內的纖瘦盒身，搭配漆器質感，如此新鮮的組合，確實觸動了父執輩上班族的心弦。

事實上，堀內女士在進入大學之前，可以說是對漆藝完全不懂的門外漢。

「雖然就讀於工藝科，對於老師講授的漆藝文化背景卻十分感興趣。我想應該再也沒有比漆藝更具代表性的日本工藝了，所以當時就想放手一搏。」

自從與漆藝結識以來已經過了十幾年，從它身上學到了許多事情。

「現今時代潮流的變化可說是相當快速吧？但是，我覺得漆藝可以喚出人類最原本的步調。漆料的氧化乾固得花上很長的時間，等著等著突然讓人感慨，或許這才是人類生活原來該有的步調吧。」

從使用者的立場來看，長久使用漆器也能從中感受其樂趣。

「長年使用的漆器會呈現出美麗光澤，我覺得這實在是太帥氣了。因此我想將更多漆藝的美好之處，傳遞給那些鮮少接觸漆器的年輕朋友，希望他們能在日常中輕鬆地嘗試使用漆藝品。讓漆器自然地融入生活當中，成為一張普通桌子上再平常不過的一件物品。」

「辭典便當盒」正是可以傳達堀內女士理念，一件日常切身使用的便當盒。

三層辭典便當盒，19cm×5.8cm×高12cm。木料為栓木。

誠如其名，幾乎與辭典同等大小。雙層辭典便當盒為19cm×5.8cm×高8.2cm。

將住家的一間房間作為工作室使用。

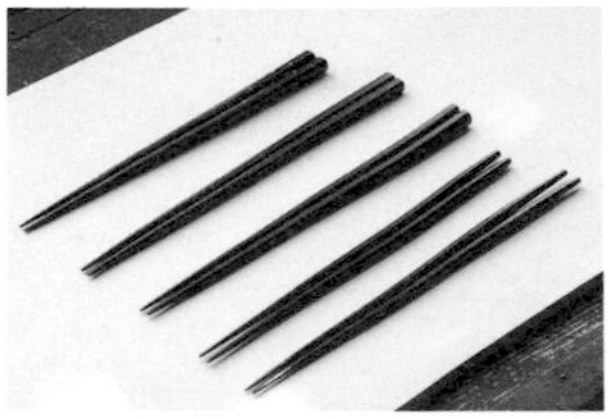
堀內亞理子女士的筷子。從左上開始依序為漆繪筷、雙色塗漆筷、八角筷，以及兩端尖細中間較粗的利休筷（右下兩雙）。

將各式配菜裝入辭典便當盒裡的堀內女士。

讓米飯感覺更好吃的美麗直木紋

川合優的杉木便當盒

箱之人❸

川合優

1979年出生於岐阜縣，京都精華大學藝術學系（主修建築）畢業。2002年開始進入飛驒高山的「森林たくみ塾」學習木工技術。在京都從事椅子座墊的工作之後，以木工作家的身分獨立創業，2008年於南山城村設立工作室。2011年將工作室遷至岐阜縣美濃加茂市。

「米飯和杉木簡直就是絕配！吃飯時就算筷子碰撞到木盒，也只會感受到那柔和的觸感。」

川合優先生親自製作的「杉木便當盒」裡，裝滿了妻子幸枝女士烹調的米飯與料理，他一邊大口享用便當，一邊聊著每天實際使用的感覺。

尺寸雖然小巧，卻可以裝入份量不少的米飯和配菜。平常主要是以訂製家具為主的川合先生，當初在決定尺寸的時候可說是天人交戰了一番。

「很想要足以放入飯糰的高度，於是就作了至少可以放入俵型飯糰（圓桶狀飯糰）的尺寸。我還注意到像是遠足等出門在外的時候，為了方便在外用餐，最好是能夠單手拿著的尺寸。」

川合先生獨立創業後，將一間位在京都府南山城村童仙房的幼兒園建築物，改裝成工作室（已於2011年遷至岐阜縣）。南山城村為靠近滋賀縣與三重縣交界處的山間地區，工作室周圍的群山為杉木林所覆蓋。

「這個便當盒，是鄰近地區砍伐下來的杉木加工製材，再作為木料使用，製作而成。製材所的老爺爺還特別吩咐我，要好好展現杉木的直木紋。於是我就將這塊鋸開後取得的木料，以指物技巧製作成盒，內側再上漆塗裝。雖然原本外側也打算上漆的……」

好不容易才展現出杉木美麗的直木紋，因此採納妻子幸枝女士的意見：「還是直接保留原木的質感比較好。因為乍看之下也覺得很美麗。」於是外側便試著上油塗裝。散發出杉木溫潤恬靜氛圍的便當盒，確實在盛上米飯後令人感到似乎更好吃了。

試著用「杉木便當盒」來吃飯，當便當盒靠近唇邊時，不僅能聞到混著米飯與配菜的香氣，還飄散著一股屬於杉木的淡淡清香。在森林裡或茂盛樹蔭下用餐時，這真是最適合攜帶使用的便當盒。當然，在辦公室裡享用便當時，絕對是最眾人矚目的焦點。

鄰近地區砍伐下來的杉木。為了避免浪費木料，因此一邊慎重地思考如何取材，一邊剖鋸製材。

內側進行拭漆塗裝，外側則是上油塗裝，讓杉木的木紋看起來更加美麗。

在工作室前大口享用便當的川合優先生。

＊P96～97的刊載內容，是川合先生仍居住於滋賀縣時的採訪資料。

熱愛木盒的作家添上日式風情創作而成

荻原英二的整理盒

箱之人④

「我就是熱愛木盒。」

萩原英二先生也製作砧板和湯匙，但他最喜歡的品項還是木盒，總想著要用盒子創作出什麼。

「只是感受到它的魅力，很單純地喜歡而已。總之，既能打開又能關上……並且還具有各種廣泛的用途。雖然寂靜無聲，卻又像是在訴說著什麼。」

數年前製作的「整理箱」，就是一個造形簡單的長方體盒子。盒蓋也只須隨意地蓋上去即可。

「原本以為，這種設計應該比較不受消費者青睞，沒想到卻意外地深受好評，還被說是『很有男人味的盒子呢』。造形雖然簡單卻很有深度，使用上

萩原英二

1951年出生於東京都，多摩藝術學園藝能美術科畢業。1972年進入乃村工藝社，在擔任藝術總監的同時，一邊進行木工活動。2002年辭去原先的工作，以木工作家的身分獨立。

整理盒，32cm×11cm×7cm。

也可以運用在很多方面。像是作為文具盒或眼鏡盒，女性只要將首飾或雜貨小物隨手放入即可。常有顧客問我『這要用在哪裡啊？』，其實隨便想要怎麼使用都可以啊！」

學成舞台美術設計後，任職於會場設計的公司，上班的同時也開始從事木作。自家住宅的室內裝潢全都不假他人之手，連家具也是親手打造，還參加了公募展或工藝展等。五十歲時獨立創業，於埼玉縣狹山市的住家兼工作室裡度過打造木製品的生活。

「年輕時前往北歐旅行過，也曾留學美國舊金山一所美術大學，因此創作也深受夏克式家具的影響。然而隨著年紀的增長，逐漸被和風物品的風情所吸引。不是那種日式風格非常濃厚的存在，而是走入一般日常生活當中，卻深富韻味的物品。因為一路走來都是自學，所以像指物細木工、手雕木器等技法都是邊看邊學邊作，多方吸收融合各種不同的元素。」

於是從「整理盒」開始，朝著筷盒、內含茶匙的茶罐一路發展前進，最近則是開始對火盆產生興趣。可以確定的是，製作風格中的和式元素肯定會愈來愈強烈。不過，其中仍然能夠隱約感受到夏克式風格帶來的影響，最終流露出獨屬於荻原先生原創風格的作品。

筷子和筷盒。

餐具盒，本體為核桃木，提把木料為黑胡桃木。

茶罐，9㎝×9㎝×高10.5㎝。

從茶罐中以茶匙舀出狹山茶。居住地狹山盛產茶葉。萩原先生說：「住在狹山，注意力果然就會集中在茶葉上。我還曾經造訪過茶園。」

同在餐廳的荻原先生與妻子敬子女士。

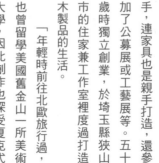

山極博史

1970年出生於大阪府。寶塚造形大學畢業後，進入Karimoku家具（株）擔任商品開發職務。於該公司離職後，進入松本技術專門校木工科學習木工技術，之後獨立創業。成立「うたたね」，現今於大阪市中央區設立展示間與事務所。

箱之人⑤

讓餐桌更加華麗 由赤色櫻桃木組合而成

山極博史的奶油盒

「從最初製作完成到作為商品上架之前，都會先放進冷藏庫兩年左右，進行耐冷程度的測試實驗。而且是分別放在事務所、自家與員工家裡三個地方。」

同時兼具設計師身分的山極博史先生，在製作方面以桌椅等家具為首，也涉獵湯匙或餐叉等木作餐具。因為購買奶油刀的顧客詢問：「沒有作存放奶油的收納盒嗎？」，於是開啟了各種嘗試，致力於奶油盒製作的契機。

「通常的木作奶油盒是將木料鉋削挖空而成，但我們的奶油盒是將木料榫接組裝。由於冷藏庫裡可說是極度乾燥的地帶，因此心裡總是非常在意這點。從製成開始實際使用約兩年的時間，但是並沒有出現

和員工一起享受午茶時光的山極博史先生（正中央）。

山極先生平常慣用的奶油盒。

櫻桃木的奶油盒（11cm×16.5cm×高6cm）。另有可放入可爾必思特撰奶油，高8.5cm的盒型。

「うたたね」的展示間。

什麼特別的問題。或許是奶油本身也會給予木料適度的潤澤吧？為了慎重起見，我們把將來木頭可能會產生的乾縮問題也考慮進去，使用榫頭組合固定。」

設計極為簡單，只是讓邊角帶有一些圓潤感。將奶油刀一起放入，成套收納時，有顧客反應說看起來好像動物。因為刀柄從奶油盒中露出來的模樣，很像動物的尾巴，「看起來真可愛呢」對方如此說道。

材質鎖定為櫻桃木。「帶著紅色調的櫻桃木向來是餐桌首選，具有鮮明的印象，而且會讓餐桌顯得更華美。木作奶油盒由於奶油的油脂浸潤，會自然形成美麗的顏色，特別是櫻桃木的色澤變化更為明顯。」

詢問了實際使用木作奶油盒的人們，據說與塑膠製的容器相比，覺得奶油的風味更加溫潤。肯定是因為木頭的性格與奶油的成分屬性相契合之故吧？而包裹住這契合調性的，則是山極先生極為相稱的簡約風格設計。

木工作家們的作品

各式各樣的奶油盒

▼
難波行秀的奶油盒
核桃木材質。奶油刀（黑胡桃木）可收納於盒內上方。17㎝×9㎝×高7㎝（闔上盒蓋的狀態）。

▲
般若芳行的1/2奶油盒
材質為櫻木。

▼
高橋秀壽的奶油盒
（Kakudo系列。設計者：大治將典）
材質為楓木（左）和黑胡桃木。

▲盒蓋與盒身的接合處，分別製作成45度角設計。

◀
片岡祥光的奶油盒
材質為蝦夷松。奶油刀的
木料則為樺木。

各式各樣的奶油盒

動手作作看 5

奶油盒

by 山極博史

這件作品最主要的重點，就是「組合木料」。只要藉由製作奶油盒，學會組成盒子形狀的方法，即可應用在各種類型的木作箱盒。雖然會稍微花費一點時間，但製作上並沒有那麼困難，絕對有值得一試的價值。還能夠親身體會一下作為指物師的感覺。接下來，就讓山極先生教導各位，木工初學者也能完成奶油盒的方法吧！

奶油盒 16.3cm×9.8cm×高5.5cm〔含盒蓋〕。

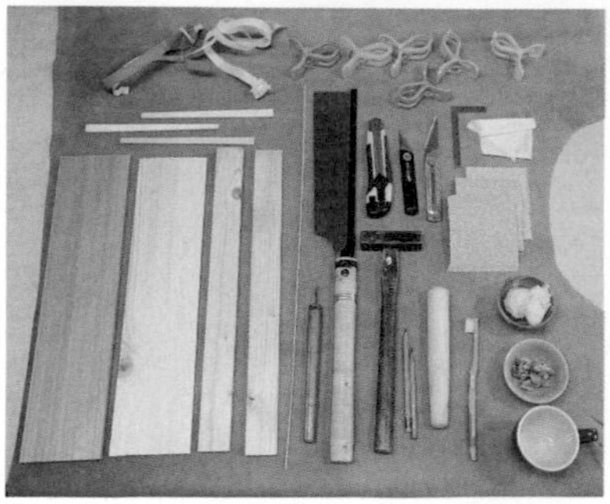

材料
貝殼杉（10cm×45cm×厚1cm）×1
松木（10cm×45cm×厚0.6cm）×1
松木（4cm×45cm×厚1cm）×2
竹籤

工具
手持鋸
錐子
玄能鎚（或榔頭）
鉛筆
研磨棒
牙刷
米飯
核桃仁
水
美工刀（或工藝刀）
直角規（或直尺）
碎布片
砂紙
　＃120、＃180、＃240
打包帶
免洗筷
曬衣夾

製作方法

＊註：山極先生為左撇子。

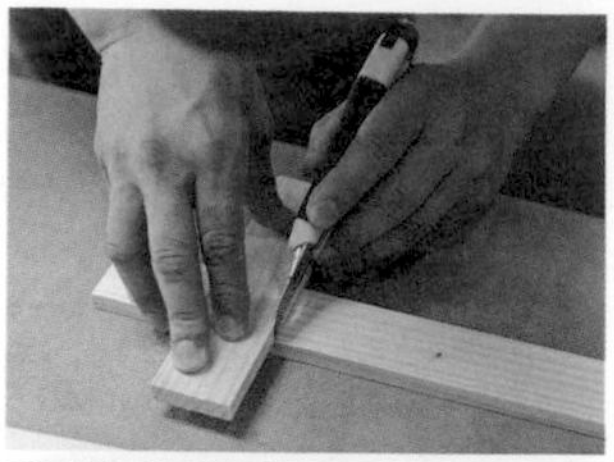

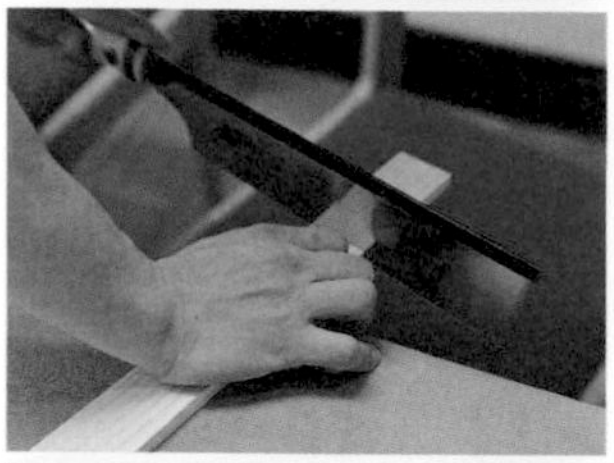

1 從奶油盒的側板開始製作。將4cm寬的松木切分成4cm×長10cm與4cm×長16.5cm各兩片的木片。此時，先在已測量尺寸並畫上鉛筆線的地方，以美工刀刻上切痕，再以手持鋸進行鋸切。

2 將長側板（16.5cm）和短側板（10cm）對齊，在接觸面的內側畫線，正反兩面都要畫線。重點就是，由長側板、短側板邊端算起1cm處，全部都要畫線作記號。

3 在短側板短邊（4cm）的正中央(距離邊端2cm處）畫線，同樣正反兩面都要畫。已畫好的短側板拼接長側板，在長側板的相同位置上畫線。所有的面都要畫上。
＊參照圖示。

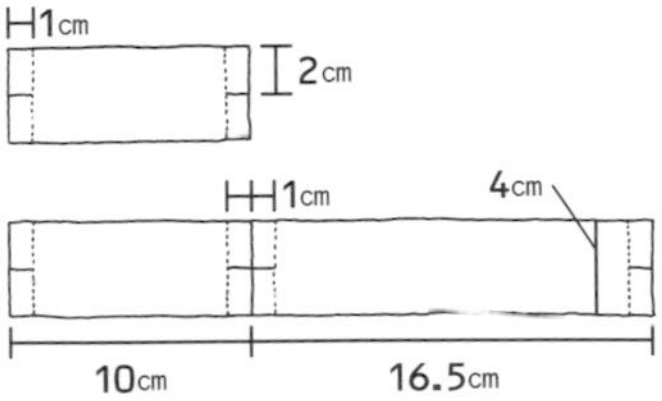

4 為了組合側板，分別將兩端切去2cm×1cm大小的木料，作出凸形榫頭。以手持鋸鋸切之前，請事先在不要的區域面上畫╳作記號，並於切割線上以美工刀深深地刻上切痕。
＊參照圖示。

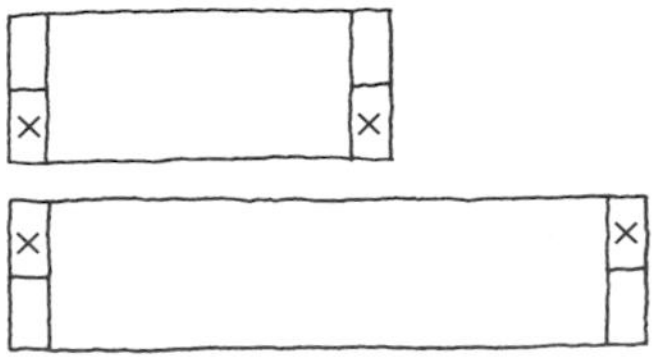

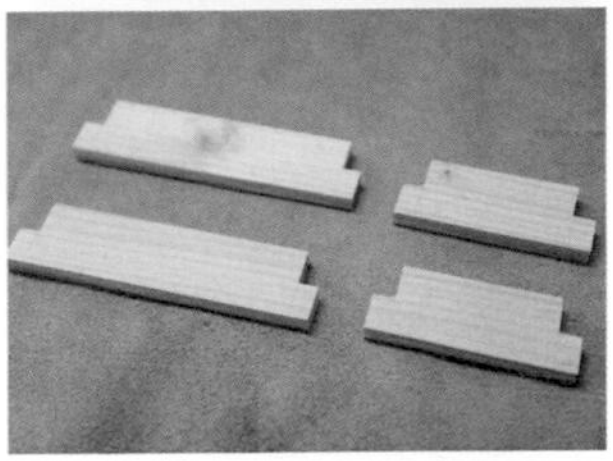

5 手持鋸沿著鉛筆線切割。最初將手持鋸斜放，最後再筆直地縱向進行鋸切。帶著只留下一絲相連的目標慢慢鋸切。四片凸形木片完成。

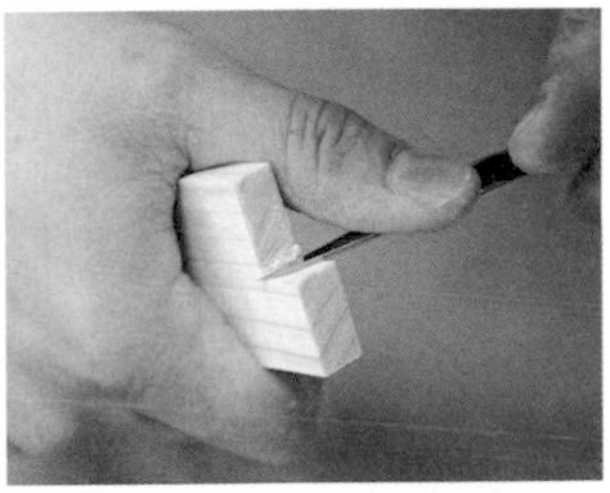

6 將邊角修飾得乾淨平整。以美工刀刮削殘留的部分。

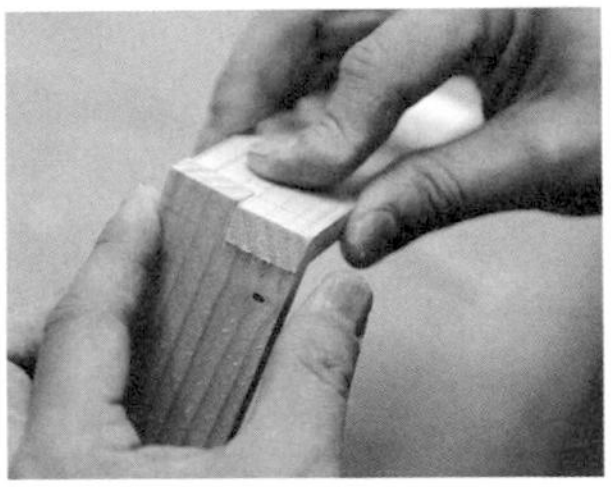

7 試著組合側板。若僅有大約一條鉛筆線的落差也無妨。

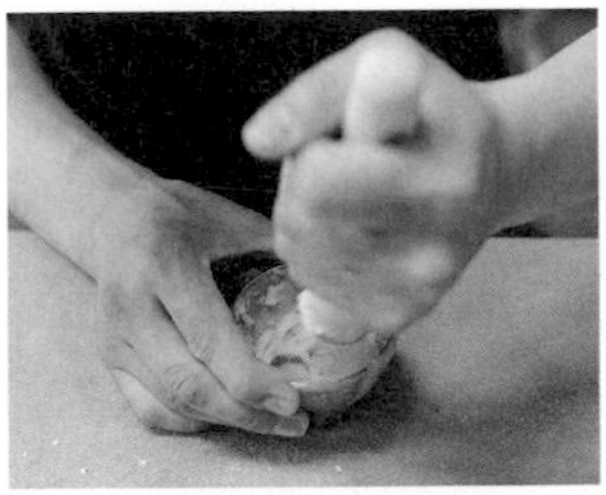

8 製作黏合側板用的糨糊。使用研磨棒將米飯搗碎，研磨成糊。大約數分鐘後就會具有黏性。
＊這種黏合物稱為糨糊，自古以來就作為指物的黏合之用。可能具有比一般白膠更強的黏合力。因為是用於盛放食物的盒子，所以選用了令人放心的安全糨糊。

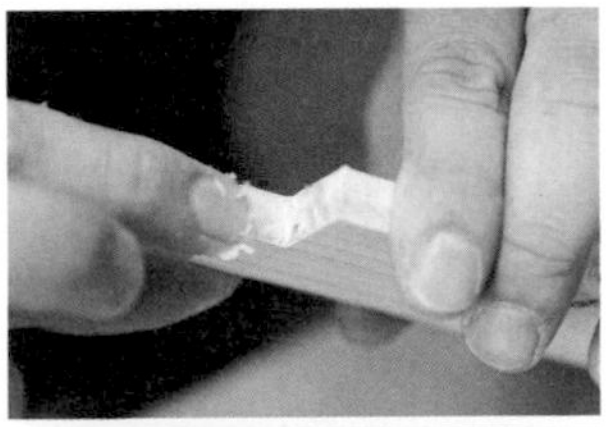

9 於接合面上塗抹糨糊，組合側板。

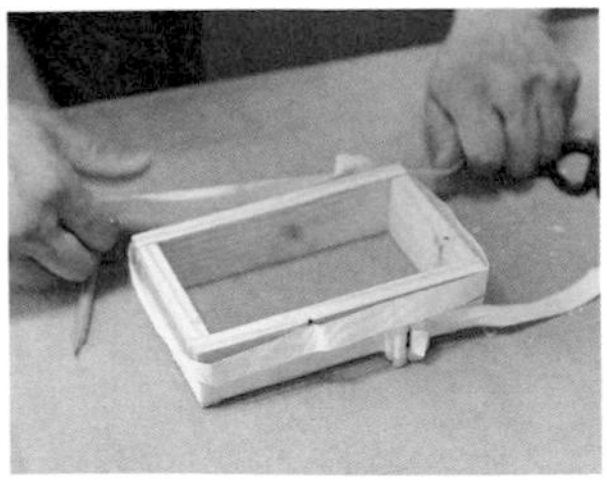

10 使用兩條打包帶圍繞側板一圈，牢牢固定。

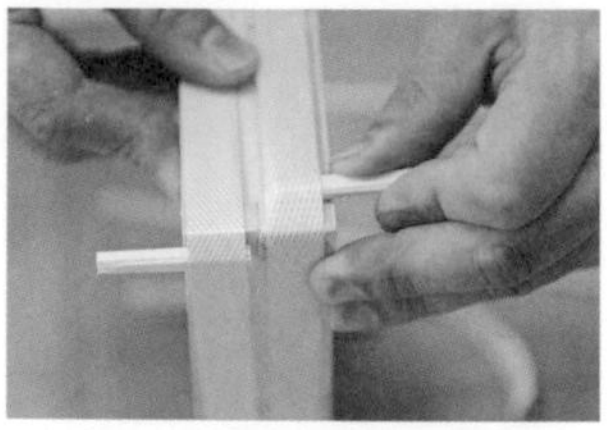

11 以溼抹布擦拭免洗筷，將沾溼的免洗筷切成適當的長度，再插入打包帶之中，並且往側板接合處移動。

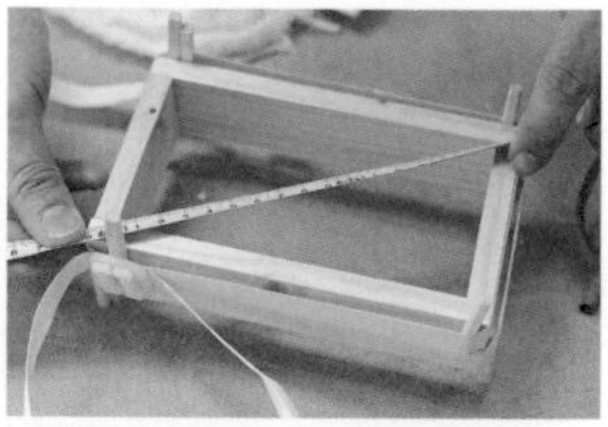

12 以尺測量，確認對角線的長度是否相同，靜置30分鐘使其乾燥。

13 利用乾燥的期間製作盒蓋。盒蓋是將貝殼杉（外側）與松木（內側）膠合成一體的型態。首先，將貝殼杉鋸切成10cm×16.5cm的大小。

14 測量本體內側的長邊。由於實際長度為144mm，因此將松木板的長度修成稍短一些的142mm。

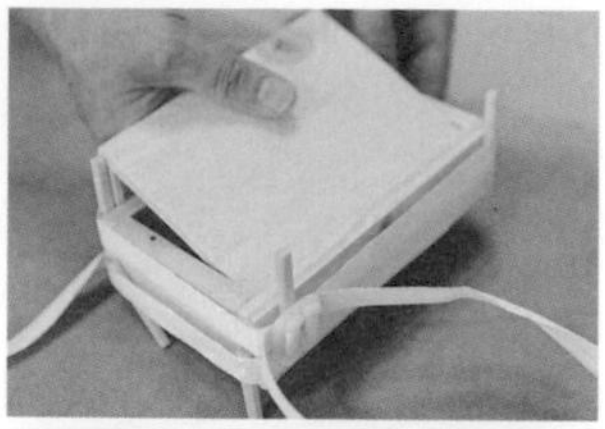

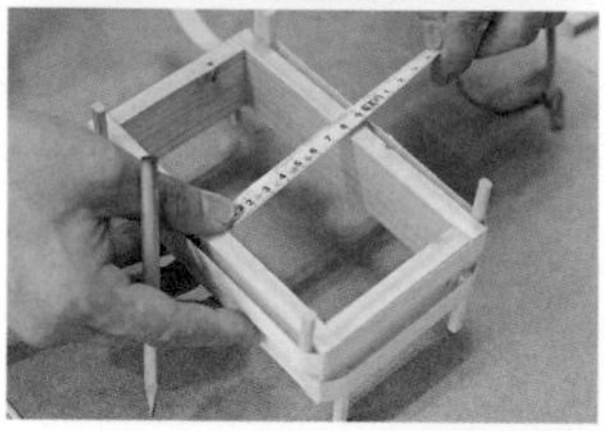

15 將切割好的松木板對齊本體，確認長度。接著測量短邊，由於實際長度為78mm，因此修成稍短一些的76mm。

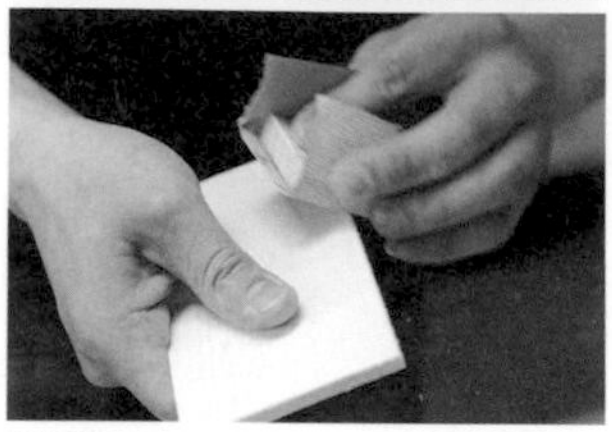

16 置於本體開口進行確認，接著用纏繞於木片上的＃240砂紙打磨松木木板。正反面、鋸切面、切邊、邊角等處全都要研磨。尤其是內側（裝奶油側）的邊、角都要確實打磨。

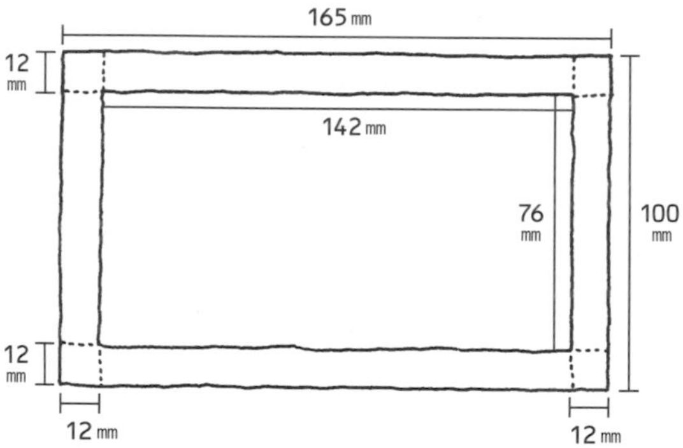

17 黏合盒蓋的外板（貝殼杉）與內板（松木）。為了讓內板黏在正中央的位置，要先測量外板的尺寸。
＊參照圖示。

製作要點

避免過度打磨導致形狀線條不整

一 整體是否能夠呈現出美麗的外觀，關鍵在於邊角的圓潤程度。以砂紙研磨拋光時，請時時仔細檢視全體，一邊進行調整。

二 使用砂紙研磨時，最好沿著木紋進行打磨，效果較佳。要避免拼命打磨過度，導致輪廓線條不一致的狀態。

三 使用手持鋸鋸切之前，事先以美工刀刻出切痕，不但比較容易鋸切，木料也不易缺角。

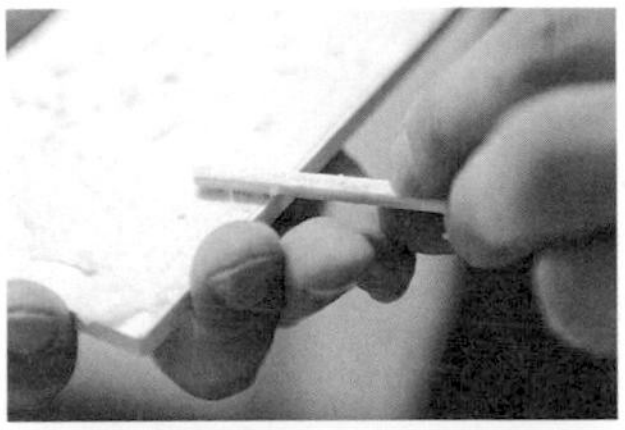

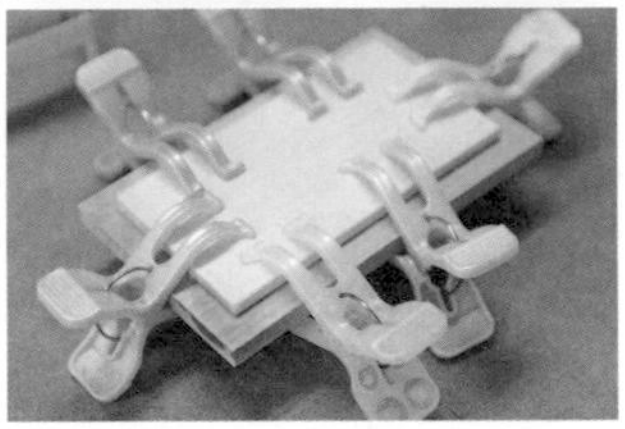

18 以免洗筷均勻塗抹糨糊於內板上，與外板黏合後用力按壓。為了避免位置偏移，用洗衣夾固定後靜置30分鐘，待其乾燥再移除洗衣夾。

19 製作底板。依照前述要領，從松木料上切割出10cm×16.5cm大小的木片，並以＃240的砂紙將整體仔細打磨。

20 本體組合處的黏膠乾燥後，拆下打包帶，再用＃180的砂紙打磨接下來要黏合底板的部分。去除接合面的段差，將全體打磨整平。

21 塗抹糨糊，與底板黏合固定。

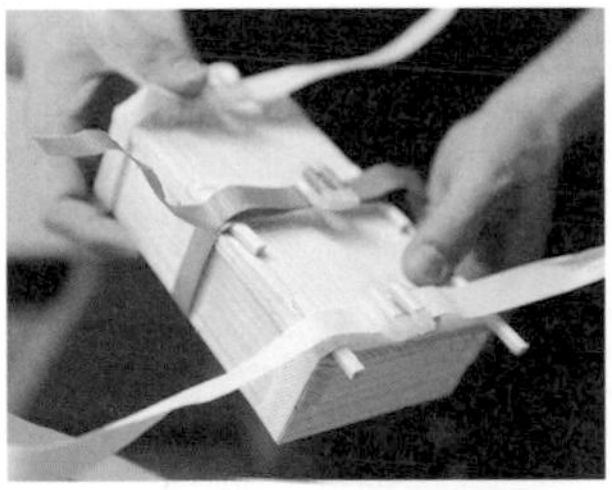

22 分別於三處緊緊綑綁打包帶。依照步驟11的相同要領插入免洗筷。靜置約30分鐘待其乾燥，再將本體上的打包帶取下。

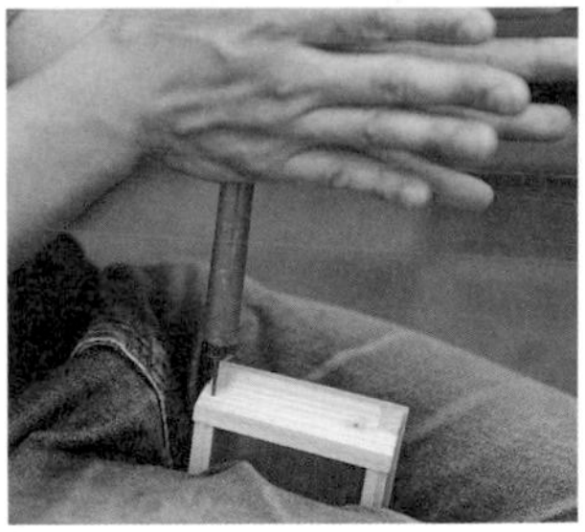

23 於本體的接合處插入竹籤，進一步強化結構。首先，分別在接合處的兩面以錐子鑽出深1cm以上的孔，共計8處。＊參照圖示。

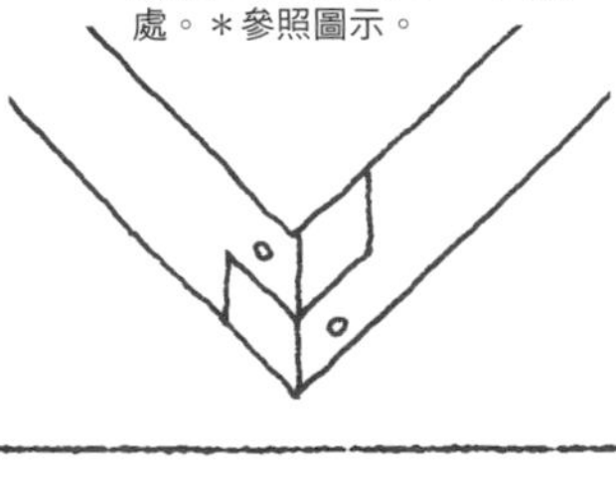

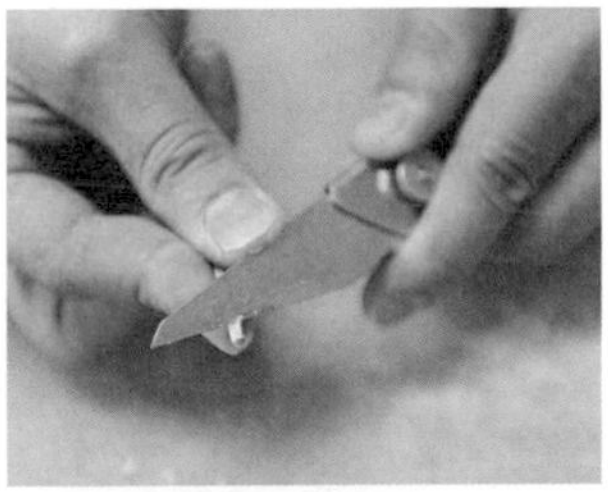

24 將竹籤切成適當的長度，再用刀子削尖前端。

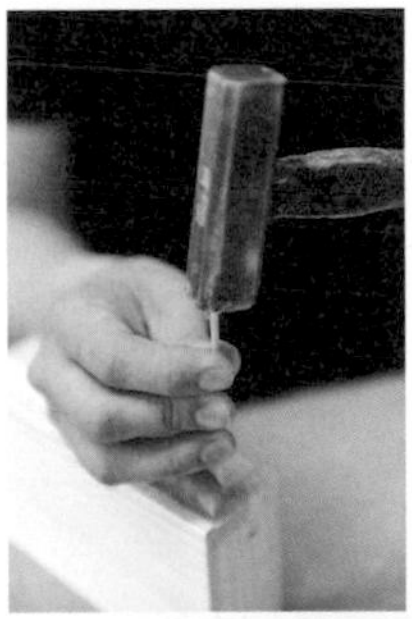

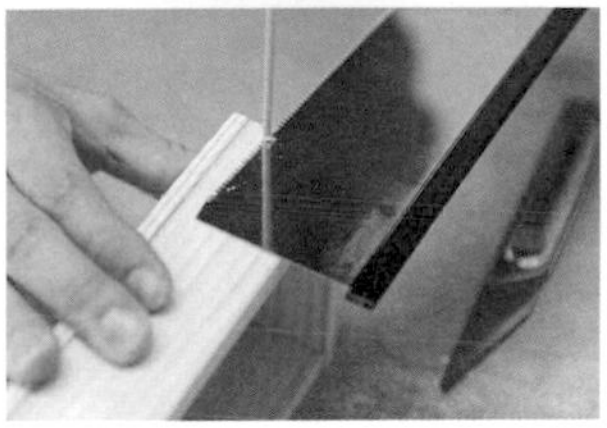

25 於竹籤尖端塗上糨糊，插入鑽好的孔中。以玄能鎚輕輕敲打竹籤，再將多餘的部分切掉。在8個鑽孔處進行此項作業。

26 以刀子削去落差較大的不平整處。

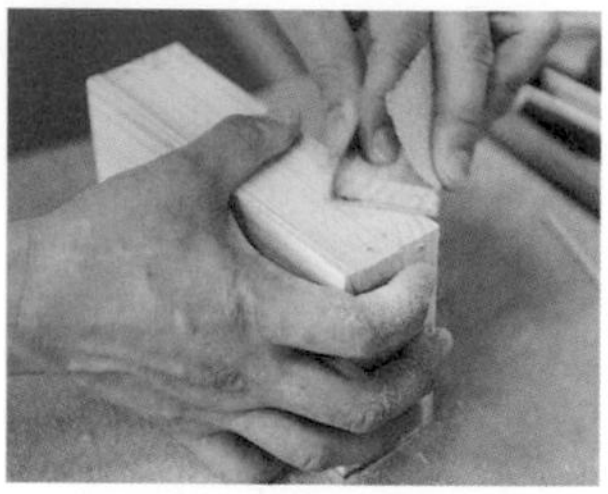

27 將＃120砂紙纏在木片上，使勁地研磨整體，削除接合面的段差，修整平坦。之後再用＃180的砂紙修去稜邊角，並拋磨全體。最後用＃240砂紙打磨拋光，連內側也要仔細研磨。

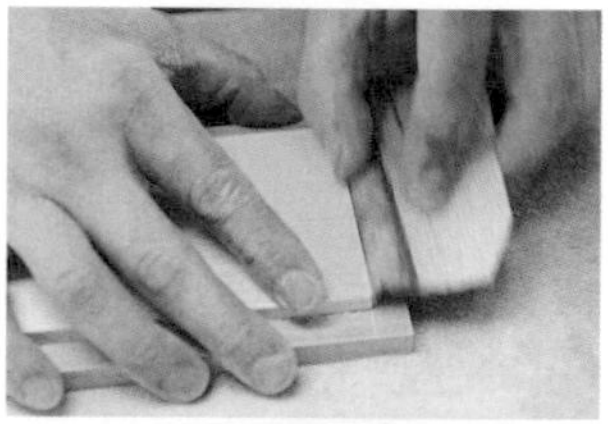

28 用砂紙打磨盒蓋，依序使用＃120、＃180、＃240的砂紙研磨。配合本體蓋上盒蓋，磨去除超出盒身的部分，直到四邊齊平。接著打磨稜角，仔細調整本體邊角與盒蓋邊角，拋修至相同弧度。最後徒手拿著＃240的砂紙打磨拋光，完成奶油盒木胎的製作。

29 上油塗裝。用玄能鎚敲碎布片包裹住的核桃仁，將滲出來的核桃油均勻塗抹在本體與盒蓋上，完成塗裝。

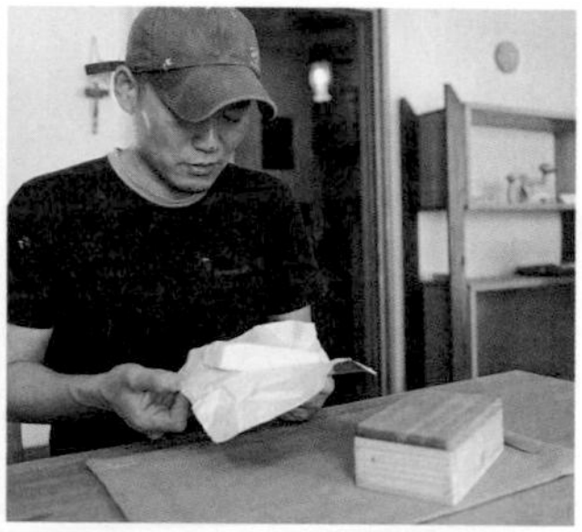

山極先生將奶油放入製作完成的奶油盒裡。

完成

第5章

容器、淺碟、托盤、鍋墊等

Bowl
Plate
Zen
Pot stand

純白與俐落設計的絕美融合

高橋秀壽的椴木容器與質地輕薄的杯子

器之人

口唇觸感極佳，杯身覆滿清晰的栓木木紋，這是高橋秀壽先生以木旋車床加工原木，鉋削至極為輕薄的杯子。杯子的厚度約2㎜，正是因為這薄度而命名為「Kami glass（如紙片般輕薄的杯子）」。

「之前也曾試作到厚度1㎜左右，但考量到杯子的耐用度，所以增加到2㎜。有著從父親那一代累積下來的技術，所以製作過程還滿順利的。」

父親昭一先生，長年以木旋車床的車削技術製作槐木杯，那是北海道觀光勝地遊客必買的當地伴手禮。身為第二代的秀壽先生，從小在一旁看著父親的工作長大，也順理成章地傳承了他的技術。數年前開始製作「Kami glass」。最近還

高橋秀壽

1969年出生於北海道。1992年進入父親經營的高橋工藝（北海道旭川市）工作。以木旋車床職人的身分繼承，現在主要是以木工作家的身分，製作木製餐具。

杯子（Cara系列）。

Cara餐盤（Cara系列）。直徑：大33㎝、中25㎝、小18㎝。

碟子（Kakudo系列），材質為黑胡桃木。

Kami系列杯子。材質為栓木，最後以陶瓷微粒聚氨酯塗料進行塗裝。不僅沒有聚氨酯（PU）特有的塑膠味，還具有良好的隔熱耐熱性。

與設計師共同合作，推出的新系列作品也同樣深受好評。

椴木料特有的白色木胎，造就出最適合用於餐桌的盤子和木碗。「以宛若輕薄蛋殼的形象來設計，因此取名為Cara（殼）系列。主題是早晨的家庭。想像一家人齊聚吃早餐的模樣，感受置身於溫柔的氛圍之中。」這是小野里奈女士的設計。

kakudo（角度）系列為大治將典先生設計。「將原本鮮明銳利的角度，作出了圓潤感。」此系列包括砧板、鍋墊等，與飲食相關的器具用品。

「究竟顧客會怎麼樣去使用？是我隨時都在思考的問題。也經常與設計師交流意見，一起去各式商店逛逛、去餐廳用餐等。討論著這餐盤不好拿，或是這邊的弧度有一點……等等。試作品出來之後，為了確認耐用程度與實際使用的手感，常常會花上一個月的時間試用，還會跟太太說，不必客氣的用力刷洗下去吧！」

將技術、生活者的感覺，以及與設計師之間的交流相輔相成之後，才能製作出兼具機能與品味的食器或用品。

Kami glass的厚度約為2㎜。

碗（Cara系列）。直徑15㎝。

正在作業場裡鉋削栓木，製作Kami杯子的高橋秀壽先生。

使用Cara系列等食器，用餐中的高橋秀壽先生（左）與妻子利佳女士。

砧板（Kakudo系列）。八角形，側面帶有內凹弧度，讓拿取更容易，材質為色木槭。

奶盅（Cara系列）。

和食御膳。36 ×26 ×高さ2.5 。

須田修司

1969年出生於長野縣，新潟大學工學系畢業。曾在大型光學機製造商擔任相機的開發工作，之後進入北海道立旭川高等技術專門學院學習木工技術。其後，任職於家具廠商、工務店等，最後獨立創業，成立「旅する木」家具工房。

活用木材本身的多彩色澤帶著玩心組合而成

須田修司的托盤

托盤之人

契機是妻子篤子女士說的一番話。

「忙碌的家事終於告一段落之際，孩子也在午茶時間回到了家裡。真想和孩子一起吃著點心，享受悠閒美好的時光啊。要是能有個盛滿零食點心的木盤，方便大家拿取就太完美了！」

為了滿足從以前就喜歡親手烘焙蛋糕甜點的篤子女士，於是木工家具作家須田修司先生回答說：「那我就動手作一個吧」，並且開始製作點心托盤。除了自家人使用之外，現在還以橡木、日本山毛櫸、黑胡桃木、楓木、櫻桃木等木料，配色組合出十多種款式的和菓子托盤，成為商品化的系列商品。之後也陸續推出搭配和食的和食托盤，以及方便取餐上菜的盆托盤。

「加入趣味性，大玩顏色組合打造樂趣。我想創作的是，端出盛著蛋糕的托盤時，也能讓彼此打開話匣子的設計。托盤的大小也多方考慮過，不僅方便盛物也易於收納，還要兼顧整體造形的平衡。」

塗裝則是使用當地盛產的亞麻仁油。須田先生租用了北海道當別町東裏的廢棄小學校舍，成立家具工房「旅する木」。東裏地區原本就是亞麻產地，種植面積占日本全國的80%。

「每年七月初左右，這附近會開滿青紫色的亞麻花。將其種子壓榨出油，作為健康食品的亞麻仁油就出貨到全國各地。既然將工作室設置在日本第一的亞麻產地，就決定使用當地生產的亞麻仁油。不僅是托盤，也塗裝於家具上。」

無任何添加物的100%純亞麻仁油。「雖然需要花時間等待乾燥，卻是世界級的安全油品。」須田先生如此表示。塗上金黃色亞麻仁油的托盤，在夕陽餘暉的照映下顯得更加的美麗。

盆托盤，42cm×30cm×高3cm。

藉由原木顏色的組合，玩出趣味性的「和菓子托盤」，17cm×10cm×高2cm。

夕陽照映在「和菓子托盤」上。

並排著托盤，感情融洽用餐的須田先生與長女．想和。

須田先生的工房原本是廢棄的小學，體育館作為工作室，其中一間教室則設為展示間。

外形小巧卻具有強烈存在感

山下純子的小碟子

山下純子
1968年出生於神奈川縣，共立女子大學家政學系畢業。曾任職於住宅翻修專門公司的設計工作，之後進入平塚職業訓練校的木工科。修習結業後師從木工作家・井崎正治氏的門下。2005年獨立創業，成立「いろはに木工所」。

碟之人

直徑5㎝左右的小碟子，材質為核桃木。用來盛裝少許調味料等物品時非常方便。

保留鑿刀的雕刻痕跡，直徑約5㎝的小碟子，深度也不到2㎝。小歸小，但放在餐桌上的氣場絕對不容小覷。無論盛放鹽巴、果醬、醃漬小菜皆可，或者誠如日文名稱的豆皿，拿來裝豆子也非常適合。

在東京・谷中經營「いろはに木工所」的山下純子女士（*）。平常獨自一人製作訂製家具，但偶爾會在開設的木工教室裡，一邊教導學生製作小碟子或筷子，自己也跟著削切製作。

「我以製作出讓人百看不厭的家具為目標。雖然創作人是我，但希望它能在日後隨著主人的使用，漸漸成為家裡的一員。或許是谷中這個地方的民情吧，這裡的人對自產自銷的觀念根深柢固，因此獲得許多當地居民的訂單。」

不論是小碟子般的小物或是家具製作，山下女士的製作理念都是一致的。在家人團圓的聚餐場合或點心時間隨意使用的小碟子，最後終於成為生活中不可或缺的日常用品。

＊2017年2月遷至東京・兩國。

木工作家們的作品

各種淺碟、木碗、鍋墊

◀
富井貴志的
四角形手雕托盤
「shikakuru」
邊長20㎝的正方形，蜜蠟塗裝。

▲
富井貴志的長方盤
「shikimono」
拭漆塗裝（前）與蜜蠟塗裝。

▲
富井貴志的小碟子
「mamekuru」
直徑約9㎝，左與下是山櫻木的拭漆塗裝，其他則為蜜蠟塗裝。

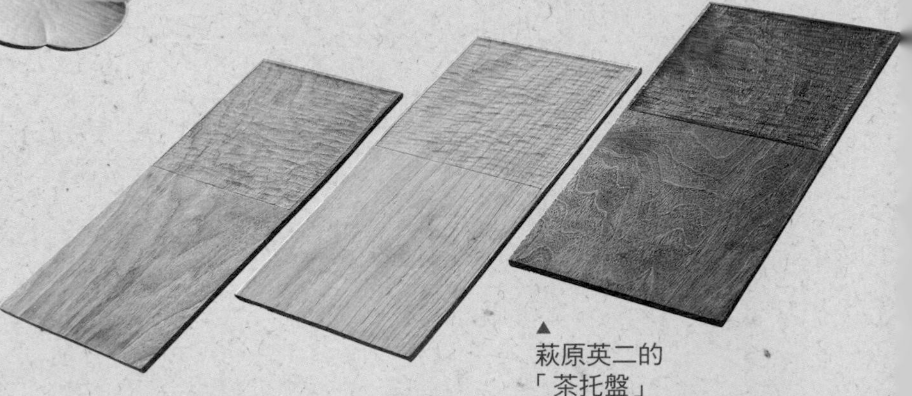

▲
萩原英二的
「茶托盤」
保留些許鑿刀的刻痕，材質為核桃木，12㎝×25㎝×厚1.5㎝。

木工作家們的作品

各種淺碟、木碗、鍋墊

▼

富山孝一的「不倒碗」

核桃木上漆塗裝。碗底無足，但也不完全是平的，推一下它會些微擺動，所以稱之為「不倒碗」。但實際上，即使拿來盛裝湯品依然具有足夠的安定感。

▼
高橋秀壽的
貝果造形鍋墊

（kakudo系列。設計：大治將典）直徑15cm，材質為黑胡桃木（左）、櫻桃木（上）、楓木（下）。高橋先生說：「等木頭沾上了鍋子焦痕後才算完成。」

▼不使用時，掛在牆壁上就成為一項居家裝飾。

▼因為各部件皆可靈活分開，所以即使下方不平整也不影響使用。

▲▶
山極博史的
星型鍋墊

由5個部件組合而成。

動手作作看 6

四方小碟

by 山下純子

少量下酒菜、幾顆花生米、一小撮鹽，像這樣用來盛裝少許食物或醬料的小碟子，無論準備多少個都能發揮妙用。

自己削切鑿刻製成的小碟子，就算形狀不甚完美，但也因為如此而別有一番風味。利用不同木料顏色上的差異多備幾個，即可成為獨樹一幟的原創小碟系列。

接下來，就讓我們拿起邊角料與彫刻刀來試作看看吧！指導老師是いろはに木工所的山下純子女士。

四方小碟　5.8cm×5.8cm×高1.7cm

製作方法

1 將直尺放在木料的斜對角，僅於單面畫上對角線。

2 畫上對角線的那一面，分別在距離四邊邊緣2mm處畫線。

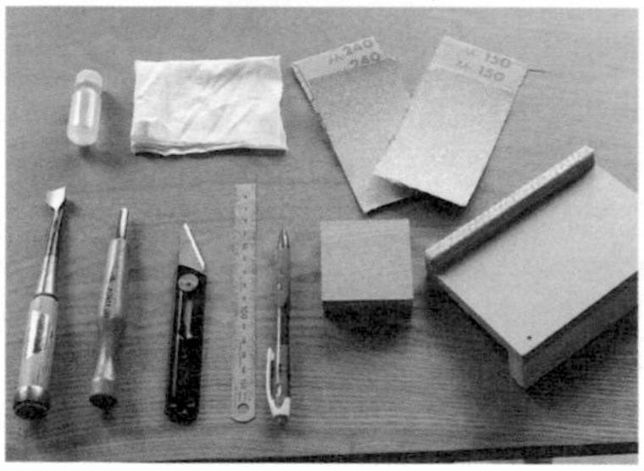

材料

核桃木。本次使用6cm×6cm×厚2cm的木料。只要大致上尺寸相同，方便取得的木料即可。

工具

鑿刀（翹頭圓鑿較容易作業）
雕刻刀（6mm圓口）
工藝刀
直尺
自動鉛筆（鉛筆）等的筆記用具
木工台
砂紙 #150、#240
碎布片
核桃油
（橄欖油、紫蘇油、亞麻仁油等亦可）

製作要點

鑿刀如同掃除般依序刮過底板！

一　為了避免鑿穿底部，一邊以手指確認厚度一邊進行鑿刻。

二　邊角處若鑿修得簡潔方正，就能使整體看起來更為緊緻細膩。

三　側面不要削得太接近直角，要盡可能地鑿刻成斜面。

四　鑿刻底部的時候，請應用槓桿原理以鑿刀挖鑿。最後沿著木紋，帶著有如「來清掃底板吧」的心態削去木料。

3 背面（成為盒底那面），分別在距離四邊邊緣7㎜處畫線。

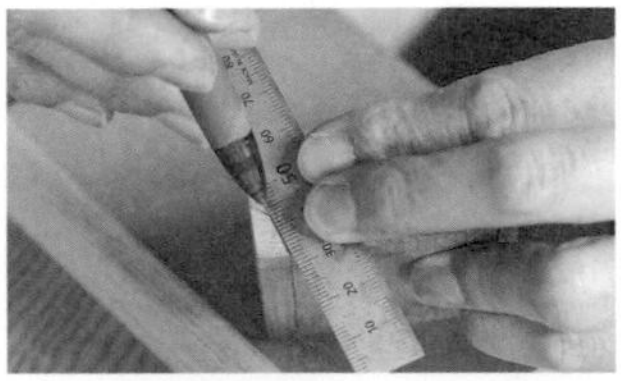

4 在側面上畫線，分別從表面的四個角開始，往背面邊緣與7㎜線交會處連接畫線。

5 從表面對角線相交的中心點開始，以雕刻刀進行鑿刻。一邊旋轉木料一邊雕刻成宛如花瓣的模樣。

6 繼續鑿刻。但是千萬不要太過盡興而鑿刻過度！請一邊確認底部的厚度，一邊雕刻。

7 雕刻到相當程度時，改以鑿刀挖削底面。

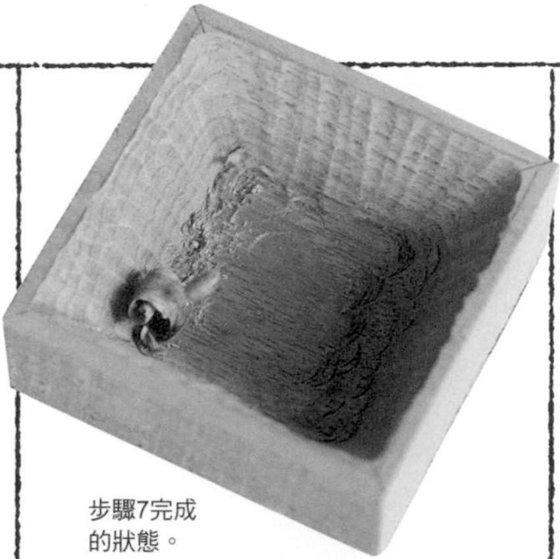

步驟7完成的狀態。

8 內側的邊角處先以刀子縱向刻上切痕，之後再削去左右兩側，完成整齊美觀的邊角。

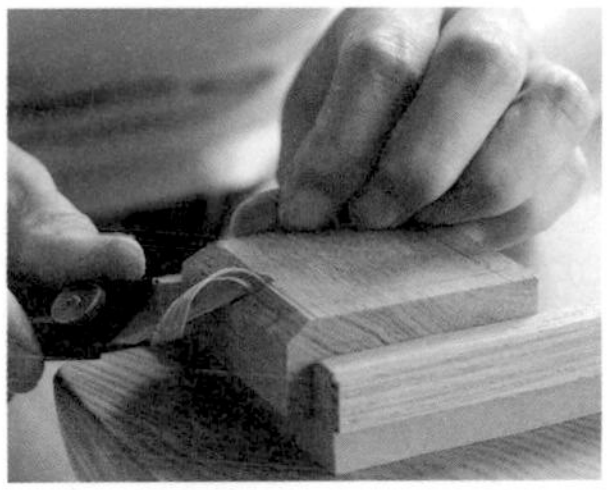

9 背面四邊以7㎜的線為基準，以刀子削去木料，最後將側面削成斜面。

10 檢查整體狀態，進行內側與外側的微調。內側的底面，掃除般使用鑿刀細細刮過，修飾平整。

11 用＃150砂紙進行打磨。內側只要磨除毛刺的程度即可，背面則是大力打磨平整。也要進行四邊與邊角的稜角研磨。

12 木胎製成的最後階段，用＃240砂紙進行整體的拋磨。

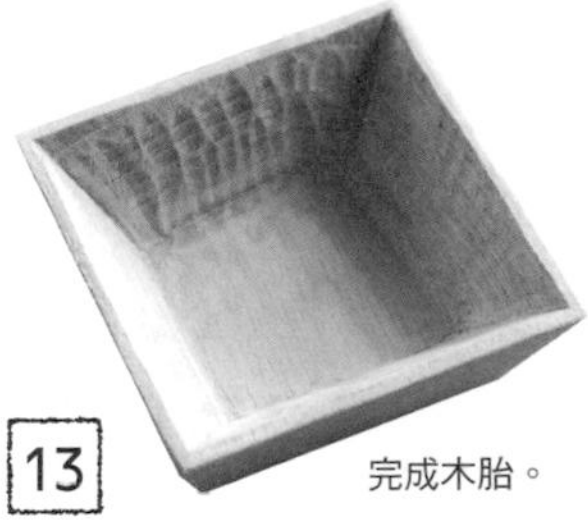

13 完成木胎。

14 用沾染核桃油的布片均勻塗抹木胎。

完成

動手作作看 7

和菓子托盤

by 須田修司

須田修司先生將P112介紹的和菓子托盤，重新調整製作流程，修改成適合讀者DIY的入門作法。重點在於組合不同顏色的木料，呈現原木色彩的美麗之處。此外，刻意切割成45度角的板料、嵌入「鍵片」來接合，這些高難度的作業都是考量設計所需的緣故。不妨帶著體驗指物師的心情來嘗試製作吧！

和菓子托盤 10cm×17cm×高2cm

材料

櫻桃木

（6cm×27cm×厚1.2cm）×1

楓木

（2cm×27cm×厚1.2cm）×2

黑胡桃木的直角三角形木片（1.5cm×1.5cm×2.25cm左右的三角形，厚度大約以2mm為準）×4

＊木料使用手邊現有的即可，但是組合不同顏色的木料會使完成品看起來更加美麗。

工具

手持鋸

（雙面鋸、導突鋸）

夾鉗

鉋刀

鑿刀

玄能鎚（或榔頭）

45度角尺

長角尺

直尺

鉛筆

捲尺

紙膠帶

木工用白膠

毛刷

刷子（使用過的舊牙刷即可）

砂紙 #120、#180、#240

碎布片

護木油（亞麻仁油、核桃油、橄欖油、紫蘇油等。須田先生使用100%當地生產的純亞麻仁油）

作為擋板使用的木料

（厚約1cm左右）

製作方法

1 為了作出櫻桃木在中間的拼接板料，因此在兩側黏貼楓木。將木工用白膠塗在接合面上，並以手指塗抹均勻。

2 以夾鉗固定兩端與正中央壓緊，靜置約一小時使其乾燥。

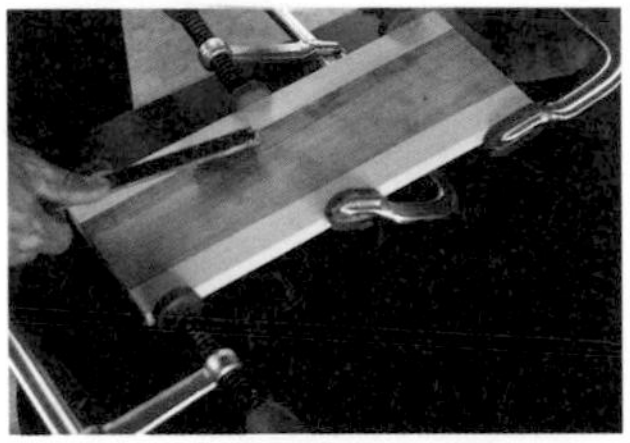

3 以沾溼的刷子清除接合面中溢出的白膠，正反兩面都要清理乾淨。

4 以夾鉗固定作為擋板用的木料，放上膠合好的拼接板，以鉋刀鉋平表面。正反兩面都要鉋削。
＊若是不熟悉鉋刀作業者，亦可省略此步驟。

5 分別在距離兩端5cm的地方畫線。正面、反面、側面全都要畫。

6 手持鋸沿著畫好的線鋸切。

7 分別從兩端算起測量11mm（原木料厚為12mm，但鉋削後成了11mm），如下方圖示，在木料邊角畫上對角線。

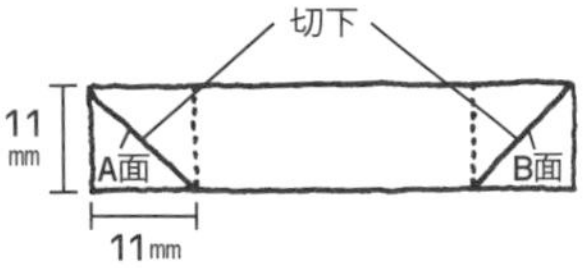

8 步驟6手持鋸切下的短木片（兩側支架用），以同樣的方式處理。
＊參照下圖。最終，A面與C面黏合，B面與D面黏合。

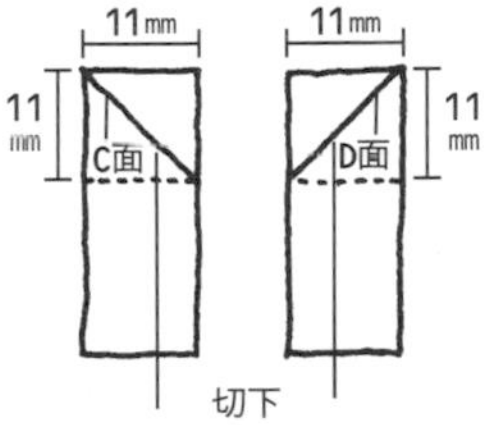

9 使用導突鋸（夾背鋸）鋸切A、B、C、D各面。由於是傾斜45度角進行鋸切，因此是難度很高的作業。

10 若是覺得很難操作，可利用夾鉗加45度角尺的組合來輔助鋸切。
＊此處使用的45度角尺是須田先生愛用的工具。沒有45度角尺，或作業難以進行時，亦可前往有提供代客裁切服務的店家協助鋸切。

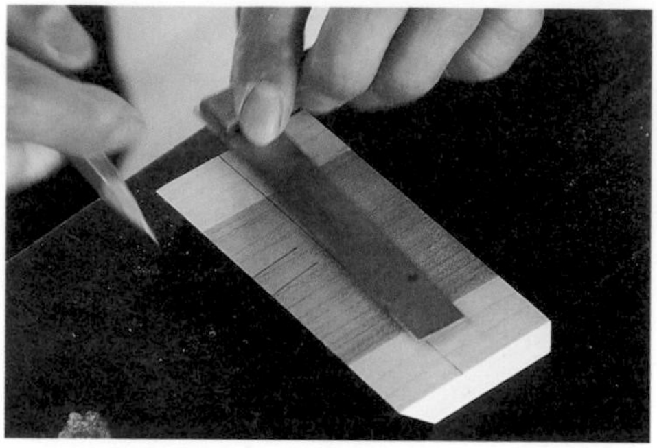

11 從支架木料切出銳角的側面前端開始測量，在2cm處用鉛筆畫線一圈，包括木料的正面、反面、側面。＊參照圖示。

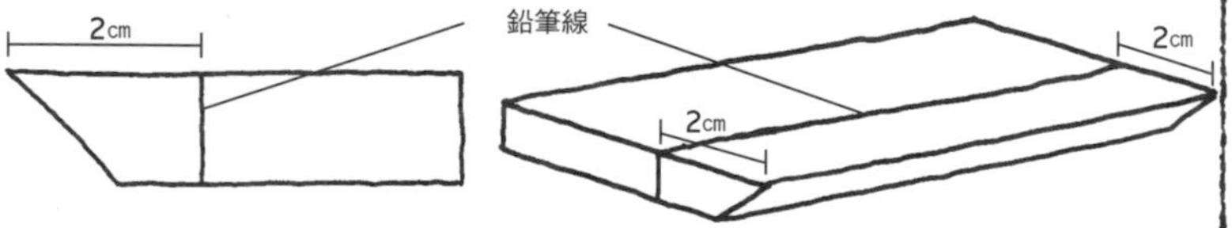

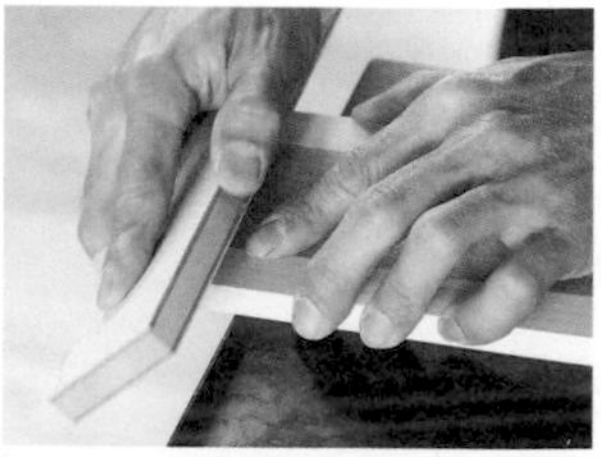

12 用纏繞在木片上的＃120砂紙打磨接合面（A、B、C、D各面），使其平整。

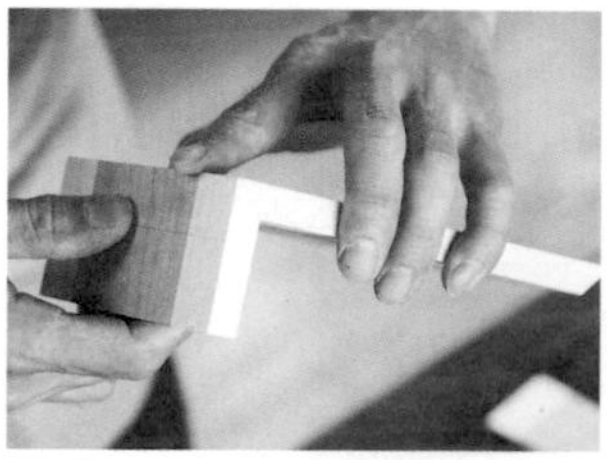

13 A與C、B與D的接合面分別對齊，並確認。

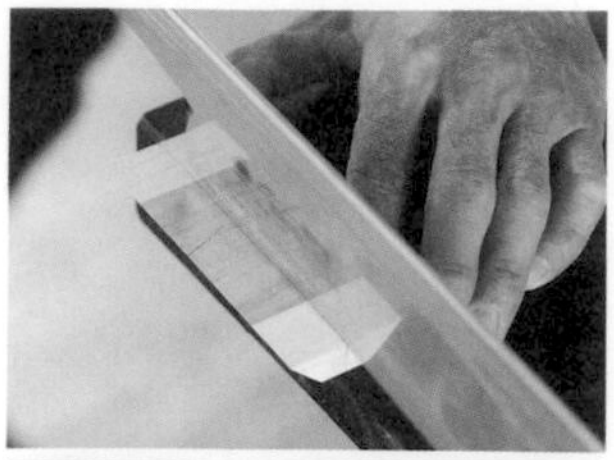

14 使用導突鋸鋸切支架木料上的2cm線（步驟11所畫之線）。

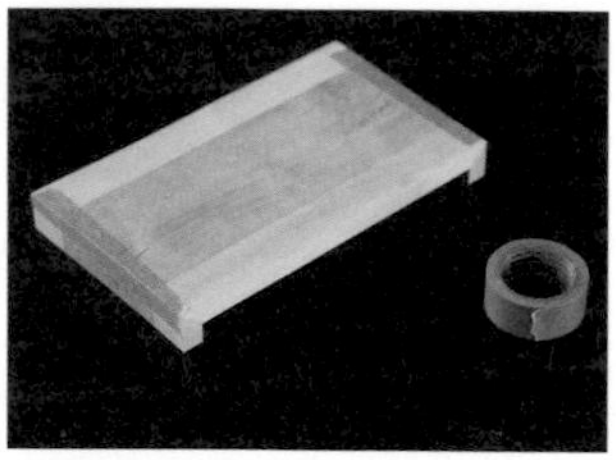

15 用紙膠帶固定木料表面的接合處。

製作要點

細心拋修稜角 能讓整體造形更加雅致

一 鉋削木料的祕訣→不要忐忑不安地慢慢移動，請一股作氣從頭鉋削至最後。將鉋刀的刀刃置於木料靠近自己這端，宛如助跑般向前移動推送鉋刀。刀刃則是要避免突出太多。購入鉋刀之後，請先確認鉋台有沒有彎曲變形。將直尺置於正面、側面、斜面上確認，這是由於木料會因為乾燥程度，而產生翹曲的可能。

二 用手持鋸鋸切木料的祕訣→利用手持鋸本身的重量進行鋸切。請專注看著基準線操作，由於木屑會導致看不清楚基準線，因此要勤快地拂去木屑。手持鋸亦分成利用推出或拉回來「鋸開」的款式，可依個人習慣購買。

三 使用手持鋸以45度角鋸切木料時，堅硬的木料會使職業級木匠也覺得操作不易。即使無法順利鋸開，也不需要感到灰心。

四 只要在最終階段仔細地拋修稜角，就能讓整體造形看起來更加俐落精緻。

16 將木料翻至背面，用手指將木工用白膠均勻塗抹於兩端的接合面上。

17 用手緊緊地施力按壓，直到白膠稍微溢出來。這種作法會讓白膠盡可能的布滿整個接合面。

18 以沾溼的刷子清除接縫中滲出來的白膠。

19 靜置大約一小時使其乾燥，撕下紙膠帶。

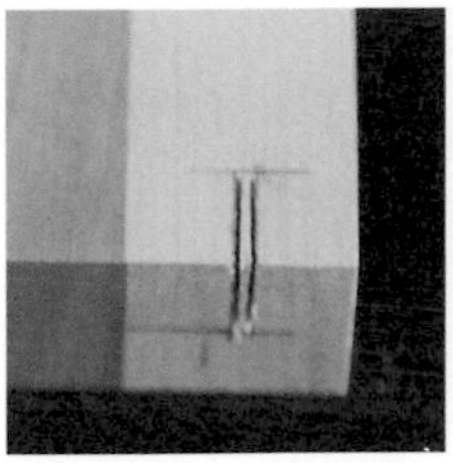

20 於邊角進行「三角鍵片」斜接的嵌入作業。測量距離長邊算起1㎝處，畫上寬幅2㎜的線條。用夾鉗固定木料，手持鋸以45度角鋸切，每一處都要鋸切兩條切痕（距離長邊9㎜與11㎜的地方）。
＊參照圖示。

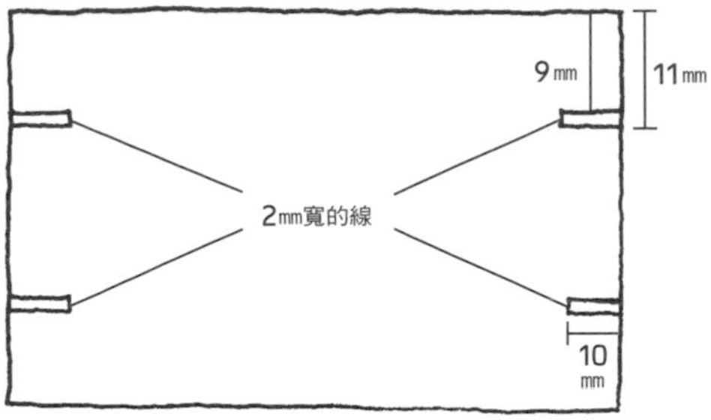

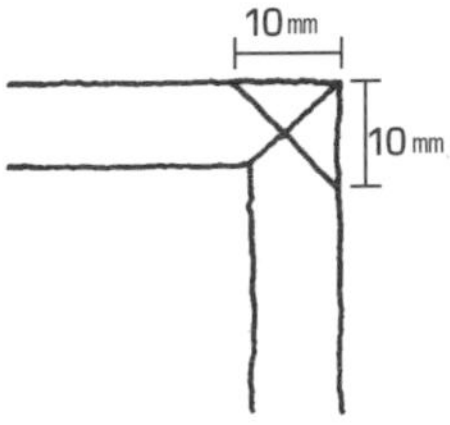

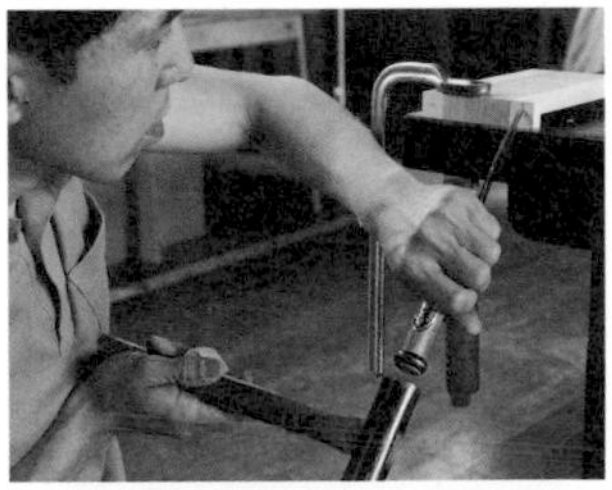

21 使用鑿刀，鑿去手持鋸切痕之間的木料。以化身傳統工藝職人的心情，用玄能鎚敲打鑿刀，從上方與下方一刀刀地修鑿。

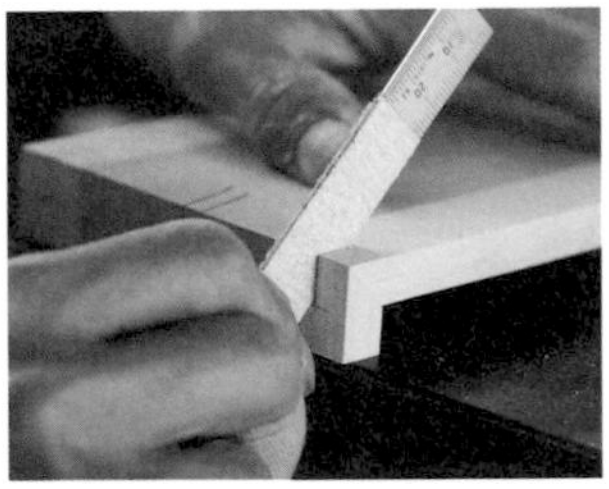

22 用鑿刀將榫孔削得更為平整。以＃120的砂紙纏在直尺上，打磨榫孔內側，並且確實調整成45度角。

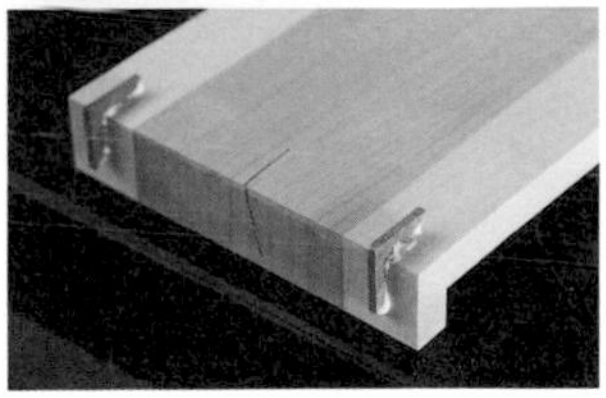

23 竹籤（火柴棒、牙籤等皆可）沾上白膠，抹在榫孔內部，再將三角形的黑胡桃木鍵片（榫片）嵌入到底。

24 以沾溼的刷子清除從接縫中滲出的白膠，靜置大約一小時使其乾燥。

25 以手持鋸切去凸出的黑胡桃木，但是要預留大約1mm的範圍，以免傷到本體。

26 使用＃120的砂紙打磨手持鋸餘下的部分，磨平之後，再用＃180的砂紙沿著木紋研磨表面、背面與側面，接著以＃240的砂紙進行拋光。

27 最後，用＃180的砂紙進行邊角處的稜角修磨（包含支架的底面與側面），完成木胎。

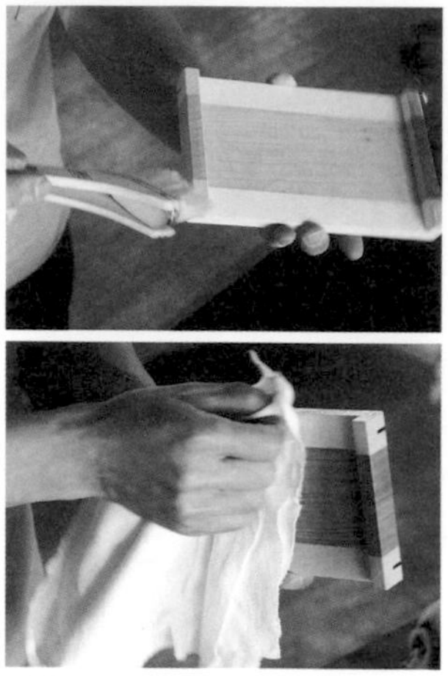

28 使用毛刷塗抹亞麻仁油。依照背面、側面的順序進行。在塗裝表面之前，先以布片擦拭木胎上的多餘油脂。

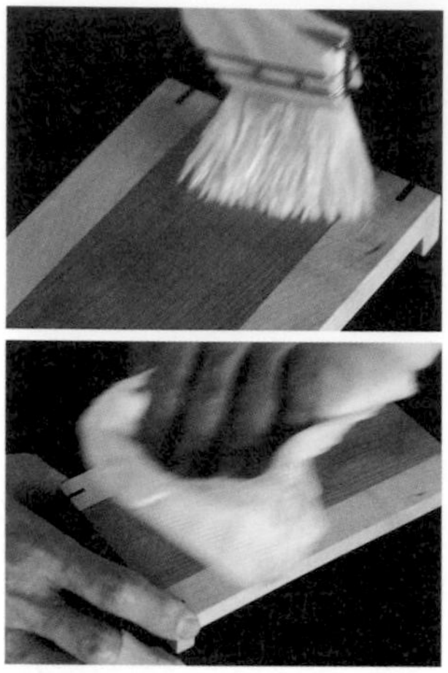

29 以毛刷塗抹木胎表面，再以布片擦拭乾淨即完成。

完成

第6章

砧板
Cutting board

木のカッティングボード

「うたたね」的砧板。

隱約看似人影且易於排水乾燥

松本寬司的砧板

砧板之人①

松本寬司

1976年出生於愛知縣。愛知縣立旭丘高中美術科畢業後，進入京屋伊助商店從事佛像佛具的製作、修復工作。2004年，於岐阜縣多治見市的studio MAVO開始製作餐具與器皿。2011年工作室搬遷至愛知縣田原市。。

松本先生造形獨特的砧板。

走進工藝品展覽會場，隨之映入眼簾的是工藝作家或家具作家製作的各種造形砧板。其中造形最獨特的，就屬松本寬司先生的作品。底邊兩側設計成突出的尖角狀，把砧板立起來時，看起來像是人影般。

「看起來像是機器人，而且還有點兒吉卜力風，或者說是天空之城的拉普達風格，總之能讓廚房變得更有趣。」

起初製作砧板時，並沒有突起處的造形，只是簡單的四角形。製作器具或餐具的松本先生總會先實際使用，一邊確認口唇觸感或手拿的感覺，一邊修正改良。在日復一日的使用之下，發現砧板容易積水的邊端會逐漸發黑。因此靈機一動，設計了腳架來改善此問題。

木料使用他最喜歡的橡木。「品質良好、材質堅硬，且木理的氛圍感極佳。尤其是使用過後顯現的復古色調質感，是我個人偏愛之處。以前參觀的奇木市集會場裡，堆放著一些直木紋的橡木。由於是薄木皮邊角料(*)所以很便宜，我就想可不可以運用這些邊角料來製作什麼，最後想到的就是砧板。」

使用品質良好的橡木來製作日常使用的砧板。不僅可以當作盛放料理的器皿使用，實用面上也考量到通風乾燥的排水功能，的確是不可多得的好物。

＊薄木皮邊角料（突き尻）
將木紋漂亮的名貴奇木鉋削成薄木片，作為表面裝飾用的實木貼皮，又稱「薄木皮」。所謂的薄木皮邊角料，就是原木鉋切至最後，餘下的廢棄木板。

立在廚房一隅的砧板。由於多了腳座設計，讓下端通風良好。

於工作室作業中的松本先生。

早餐時，直接將砧板當成麵包盤使用。

手鉋而成既簡單又精緻

富山孝一的砧板

砧板之人❷

在骨董店購入的砧板（前），以及看到此物後受啟發製作的砧板。

富山孝一

1968年出生於神奈川縣。經歷程式設計師、高空作業員、木工等工作後，2004年以木工作家的身分獨立創業。於橫濱市青葉區的自宅，與妻子ゆか女士經營一家名為「12月」的古生活用具雜貨店。

厚達4cm，沉甸甸的份量營造出存在感十足的砧板。這是富山孝一先生使用榆木製作，比基本款核桃木砧板還要大上一號的大型砧板。

之所以會想製作這麼大的砧板，契機是旅行途中在一間骨董店購入的砧板。那是一件可能是法國某個鄉村家庭，長年使用的物品。

「造形十分簡單，作為砧板而言不僅重，而且作到這種厚度也讓人覺得似乎有些不必要……但我這個人就是偏好留有使用痕跡的老件。若是知道哪邊有要舉辦骨董市集，我肯定一大早就出門朝聖了。」

富山先生年輕時曾作過高空作業員，後來成為木匠身分獨立創業。然而年過三十之後突然生了場大病，待身體恢復後，開始學習製作家具，目前則是以砧板、木碗、湯匙等品項為主。

「製作砧板時，我總是要求自己確實作好每一道工序，使用面一定以手鉋仔細加工，取材時也必定深思而行。但是製作湯匙或木碗時，就不會重複製作

砧板。左側為厚度4cm的大型砧板（材質為榆木）。中間兩件為基本款砧板（核桃木）。

相同的東西，完全自由發揮。」

確實如此，像是搖搖晃晃卻又擁有足夠安定感的不可思議「不倒碗」，或削切栗木、櫟木製作的各種細長湯匙，都可以清楚感受到富山先生發揮他柔軟想像力，帶著趣味性來製作的初心。只不過即使改變作法，基本的原則卻一點也不動搖。

「製作讓自己開心的物品，製作自己生活中所需的物品，或者也可以說，其他的我可能作不來吧。總而言之，自己製作並使用，最終的目標不是追求好不好用，而是重視使用的樂趣。」

在接下來的單元裡，將由富山先生來指導起司板的製作方法。並在完成的砧板上，由富山先生開心地示範將起司、生薑、檸檬、荷蘭芹（巴西利）一個接一個「切斷」、「切絲」、「切碎」的使用情境。

「不倒碗」，材質為核桃木。

富山先生自由發揮想像力製作而成的各種湯匙。拭漆塗裝，木料為栗木、核桃木、日本常綠橡木、槐木等。

富山先生家慣用的砧板。

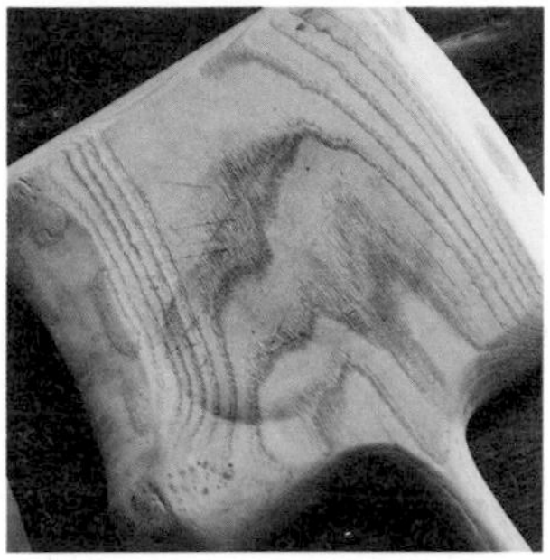

在雜貨店「12月」店內，進行上油塗裝的富山先生。

堆放在工作室一角的砧板用木料。

在自宅前享用午餐的富山孝一先生與妻子ゆか女士。

動手作作看 8

起司板

by 富山孝一

大小適中的尺寸不僅能用來盛放起司，也非常適合用來切辛香料或水果等，方便好用的砧板。亦可多作幾片分別用於味道強烈的大蒜，或是酸味濃郁的檸檬等，作為專屬砧板也很實用。尺寸不大所以不占空間，製作上也相對簡單。接下來，富山孝一先生將指導解說木工初學者也能輕鬆DIY的砧板製作方法。

起司板 長28.5cm，寬10cm。

材料
檜木（於大型居家修繕中心購得的木料皆可，但日本柳杉不適用）。尺寸請準備大於完成品的木料即可。此次使用長29cm×寬13.5cm×0.9cm的木材。

工具
手持鋸
切出小刀
鉋刀
夾鉗
短角尺（或三角板）
尺
鉛筆
碎布片、抹布
砂紙
#80、#150、#240

製作方法

＊若木料原本就是直角的長方形木板，可省略以下步驟1～3的作業，改從步驟4開始進行。

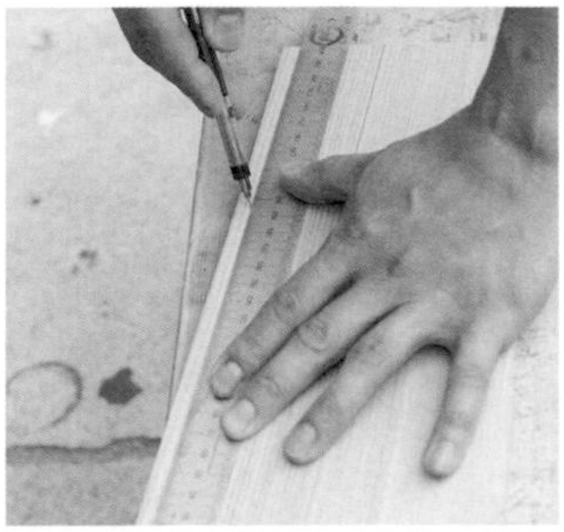

1 在木料邊端畫上作為基準的直線。

2 用夾鉗固定木材，沿著所畫直線鋸下多餘部分。

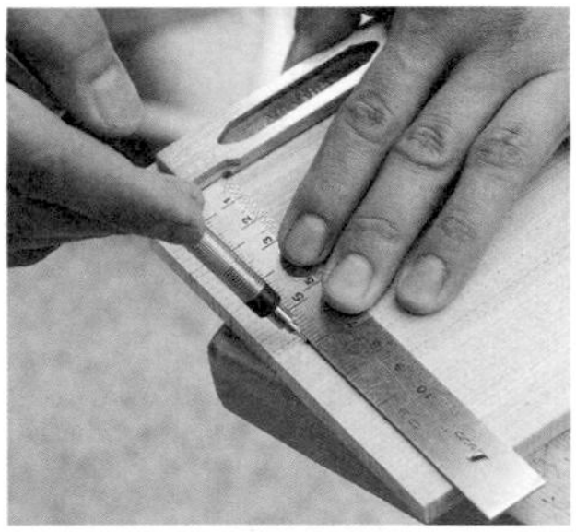

3 將短角尺或三角板貼放在直線上，畫出直角。以手持鋸將木料鋸切成長方形。

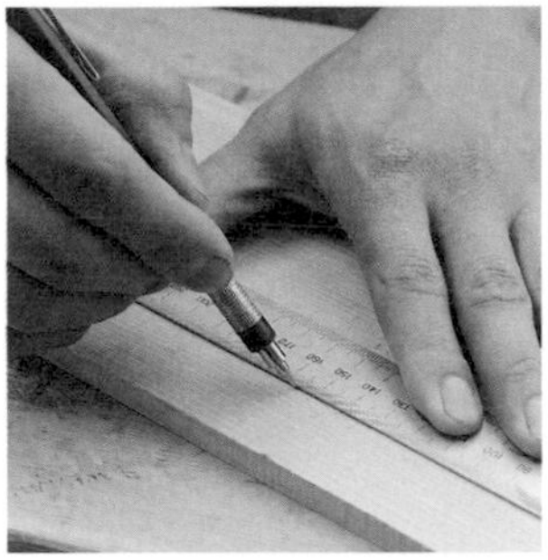

4 於木料上描繪砧板完成圖（參照右圖）。首先，從步驟1的縱向直線處測量寬為10cm的短邊。
※右圖尺寸僅為參考值，依個人需求來設計即可。

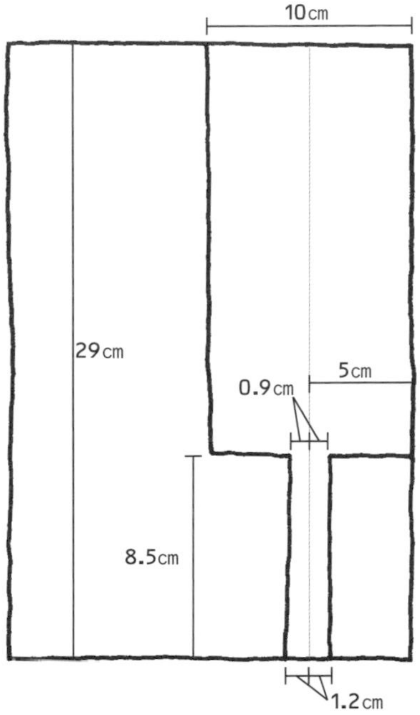

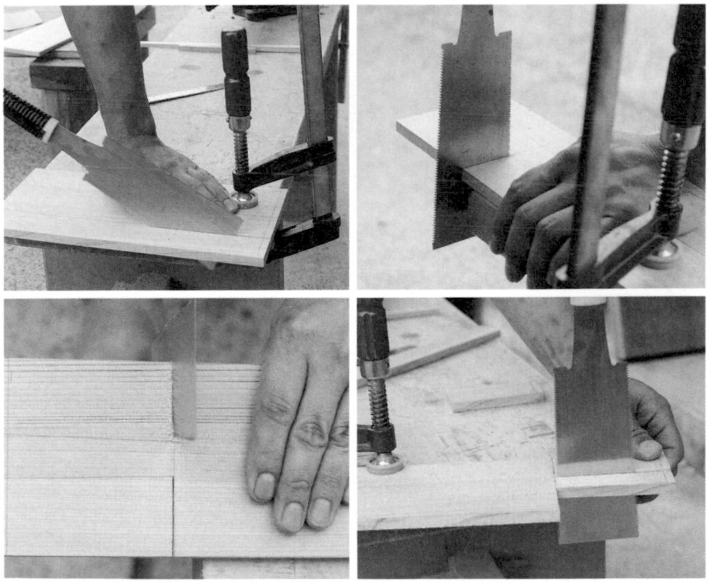

5 沿著畫好的線鋸切出砧板的輪廓。先從縱向的長邊開始，再鋸切橫向與斜向。
＊剛開始鋸切時，要傾斜操作手持鋸，但鋸到靠近線條交會點時，關鍵就是要將手持鋸改為垂直縱切。

6 調整握把長度。如果太長就鋸短，初步完成砧板形狀。

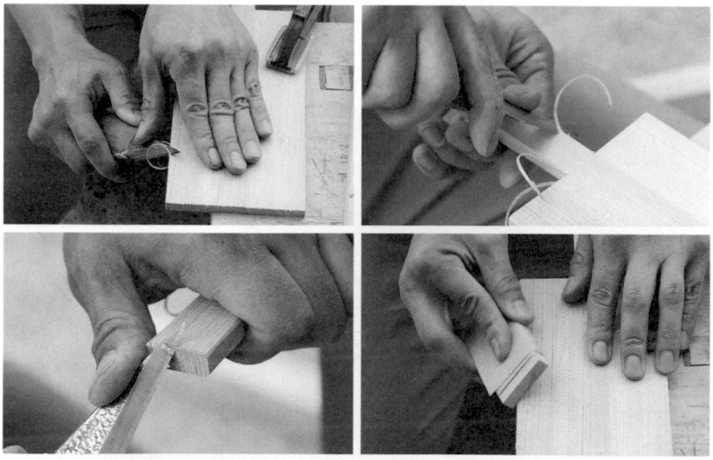

7 打磨稜角。以夾鉗固定木料，先用小刀削除邊角，正反兩面都要處理。也可以不使用小刀，直接以粗砂紙（＃80、＃150）進行打磨。將砂紙纏在木片上研磨，作業起來較為方便。
＊不要把手放在刀刃前。

8 想要表面光滑平整，可用鉋刀加工。

9 用沾溼的碎布片仔細擦拭整體。

10 乾燥之後再用細砂紙（＃240）沿著木紋打磨。研磨過的稜角處也要再次細細拋磨。

11 完成木胎。

製作要點

不需要執著於「完美無瑕」的境界

一 不需要執著於完美無瑕的境界。就算左右不對稱，就算一邊稍微短一點也沒關係，不必在意地放手去作就對了。

二 但是稜角的拋磨必須仔細處理。因為稜角的細緻程度不僅會大幅影響整體氛圍，成品也會因而不容易龜裂，手感變得更好。

三 建議使用直紋木料，比較不易翹曲變形。

完成 最後刷塗橄欖油、核桃油等，以碎布擦去多餘油脂後，即完成。雖然不上油亦可，但上油塗裝的木料比較不容易龜裂。

分切起司。

檸檬切片。

薑切成細絲。

荷蘭芹（巴西利）切碎。

第7章

筷子、筷架、
餐具匙筷架

Chopsticks
Chopstick rest
Cutlery rest

沖原紗耶的竹筷。

木工作家們的作品

各種筷子&筷架

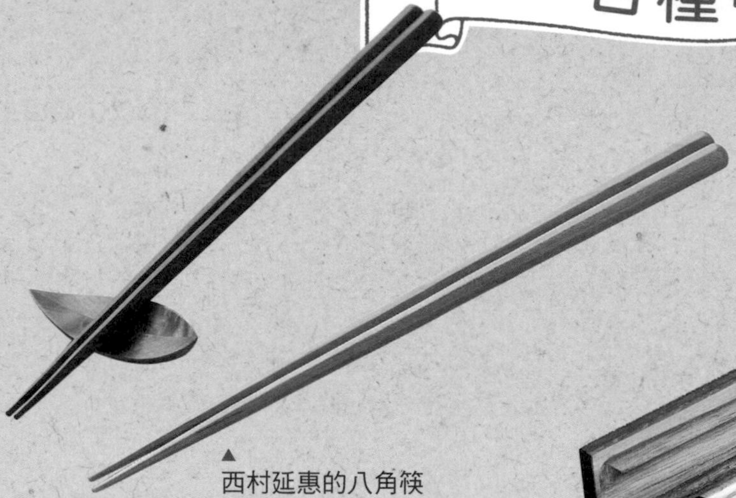

▲
西村延惠的八角筷
材料為鐵木（上）與色木槭（下），長24cm。筷架為清田雅夫先生製作。

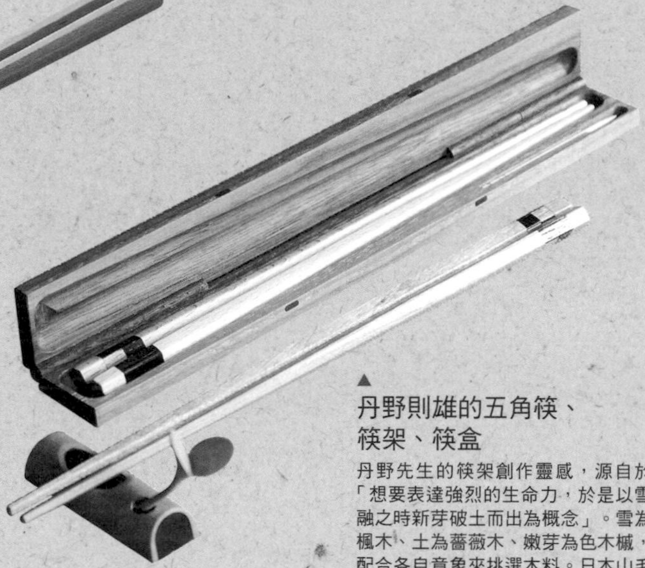

▲
丹野則雄的五角筷、筷架、筷盒
丹野先生的筷架創作靈感，源自於「想要表達強烈的生命力，於是以雪融之時新芽破土而出為概念」。雪為楓木、土為薔薇木、嫩芽為色木槭，配合各自意象來挑選木料。日本山毛櫸的筷子則運用了鑲嵌技法，營造出層次變化，長23cm。

▲
須田修司的榫接筷、筷架、筷盒
材料為橡木與黑胡桃木。筷子與筷架清楚展現出不同的榫接製作方式。

▶
老泉まゆみ的餐具匙筷架
架上有兩處凹槽，可以成套放置兩種餐具。

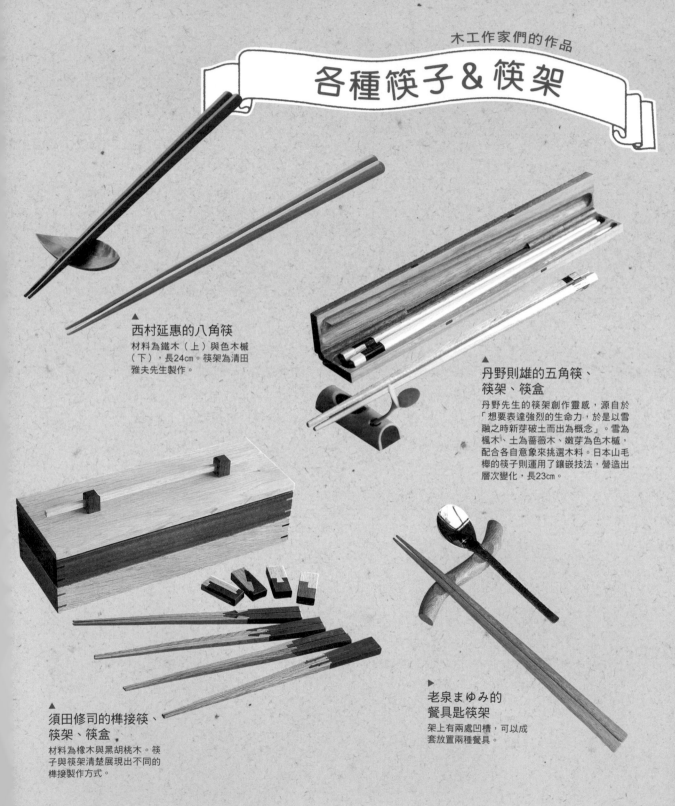

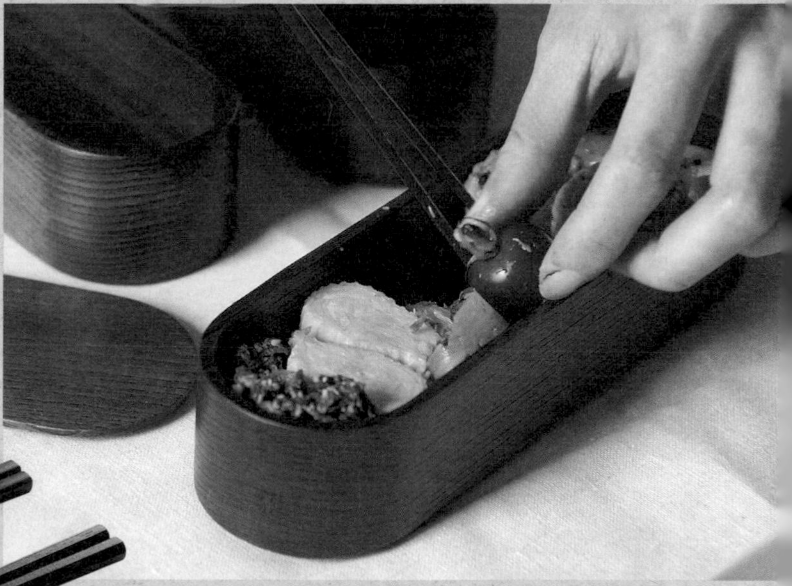

▼▶
堀內亞理子的筷子
由上而下依序為漆繪筷、雙色塗漆筷、八角筷、利休筷（兩雙）。

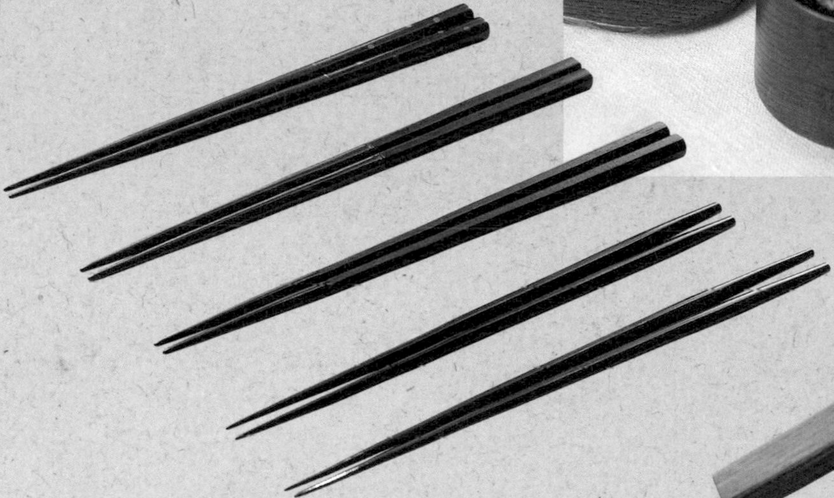

▲
さかいあつし的筷子（櫻木）與手雕木器的筷盒（櫟木）。

▼
山極博史的餐具匙筷架
簡約細長的直方體造形，材料為黑胡桃木。

各種筷子&筷架

動手作作看 9

筷子與筷架

by 山下純子

每個人的手掌大小或手指長度各有不同。世界上有著數不清的筷子，然而卻沒有一雙完全適合自己的筷子。因此，不妨親手削製出一雙量身打造的筷子吧！製作方法非常簡單。然而關於筷子尖端的纖細程度，或是手持部位的粗細等，其實有著相當高深的學問。

難得有這樣的機會，所以不妨連筷架也成套製作吧！只需利用小小的邊角料，就可以讓餐桌顯得更優雅。

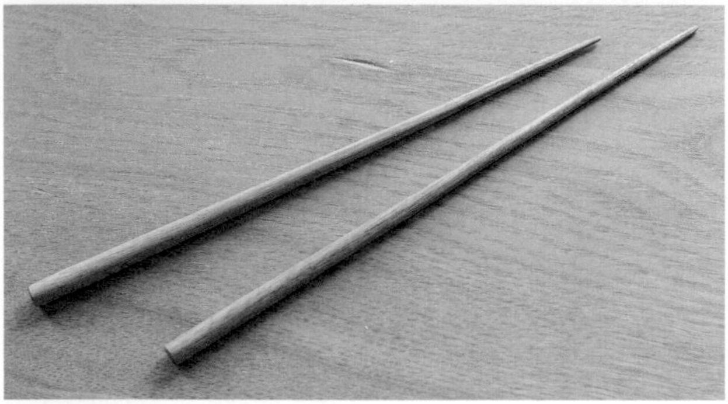

筷子　長23cm

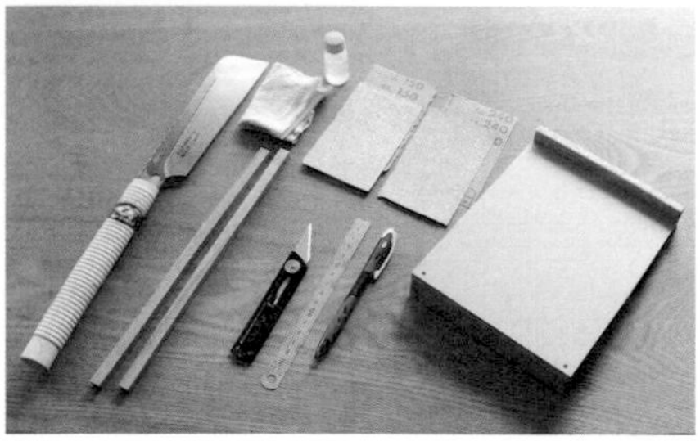

材料

核桃木。本次使用長25cm×0.9cm×0.9cm的木料。只要大致上尺寸相同，方便取得的木料即可。

工具

手持鋸	木工台
工藝刀	砂紙　#150、#240
直尺	碎布片
自動鉛筆（鉛筆）等筆記用具	核桃油（橄欖油、紫蘇油、亞麻仁油等皆可）

製作要點

筷子尖端削得過細會像大牙籤……

一　一邊勻速旋轉木料一邊削切。如果不這麼作，很容易削出歪歪扭扭的筷子。請時時注意整體的平衡，進行削切作業。

二　由於筷子的中央段容易作得過粗，因此要特別注意。將兩支筷子併起檢視。

三　筷子的尖端請勿削得過細，否則看起來會像是大支的牙籤。

四　不妨依個人喜好，嘗試挑戰圓柱形、四方形、八角形等造形吧！

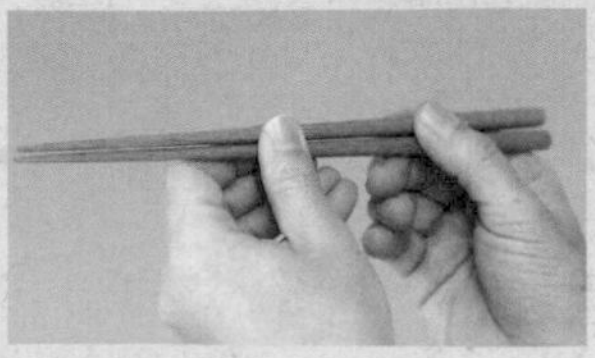

筷子的製作方法

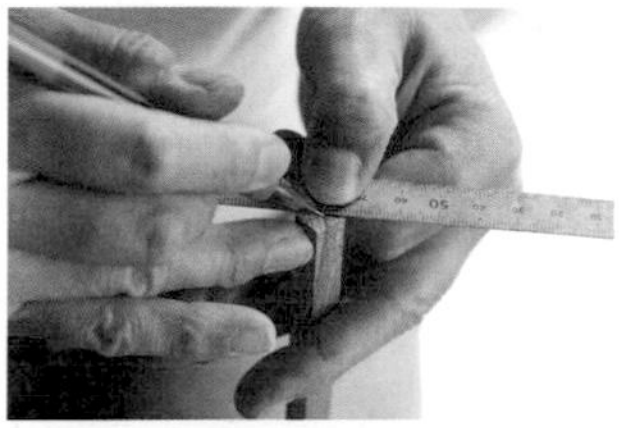

1 在木料橫切面畫上對角線，找出中心點。兩面皆同。

2 將木料一端抵住木工台，以橫切面畫上的中心點為基準，一邊掌握整體平衡，一邊以刀子削去稜角。首先平均削切4個邊角處，漸漸呈現出大致的八角形模樣。

3 將木料前端逐漸削細。一邊旋轉木料，一邊均等流暢地進行削切。

4 筷子3分之1左右的長度削修成圓，且慢慢修細。但不要削得太細，以免宛如牙籤。要時常檢視整體的平衡感。

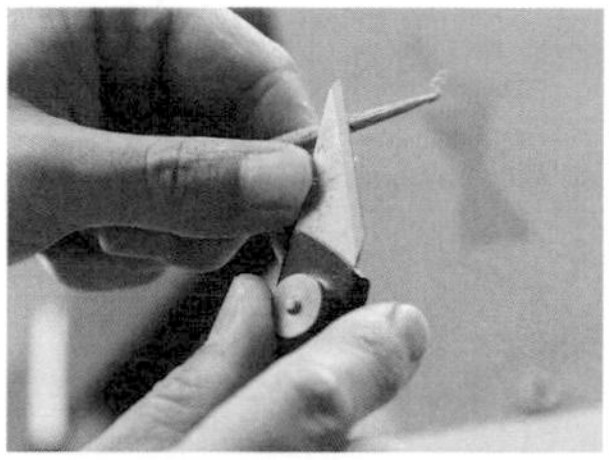

5 最後手持木料，像是削鉛筆一樣，一邊旋轉一邊均勻刀削。

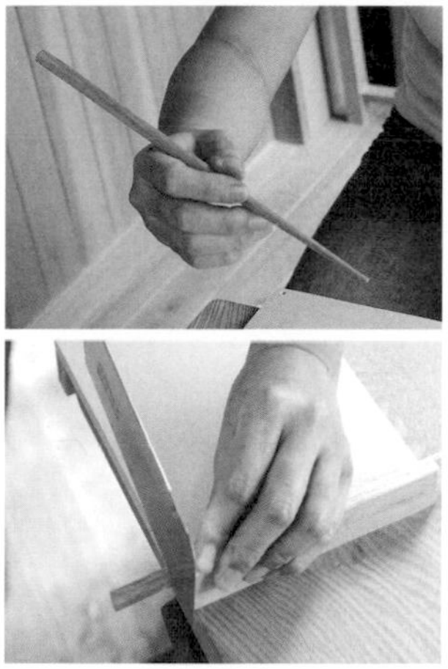

6 決定適合自己使用的長度後，以手持鋸鋸下筷尾的多餘部分。

7 以刀子修去筷尾的稜角。

8 使用砂紙打磨。從＃150的粗砂紙開始，即使是整個筷身都留下刀削痕跡的作法，也要將筷頭尖端處拋磨平整。由於筷尖容易折斷，所以作業時不要施力過當。最後再用＃240砂紙拋磨，完成木胎。

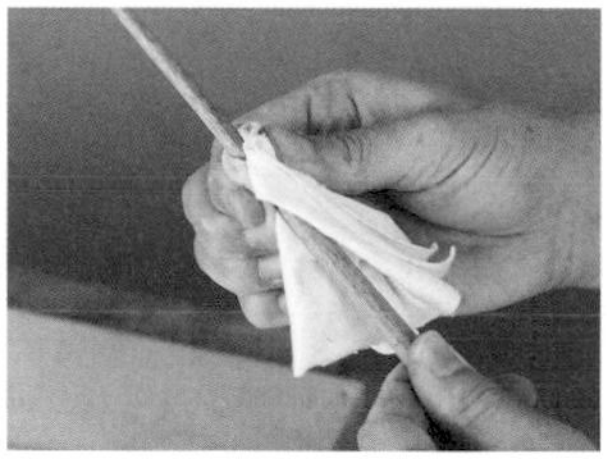

9 用沾染核桃油的布片，均勻塗抹木胎整體。

完成 最後擦去多餘油脂，置於通風良好的地方陰乾，即可使用。

筷架 3cm×3cm×厚0.8cm

材料
核桃木。本次使用3cm×3cm×厚0.9cm的木料。只要大致上尺寸相同，方便取得的木料即可。

工具
直尺
自動鉛筆（鉛筆）等筆記用具
工藝刀
木工台
砂紙　#150、#240
碎布片
核桃油
（橄欖油、紫蘇油、亞麻仁油等皆可）

筷架的製作方法

1　在木料表面畫上對角線，以及垂直木紋中心點的直線（與邊成直角）。

2　用工藝刀沿著垂直木紋的直線切出刀痕。

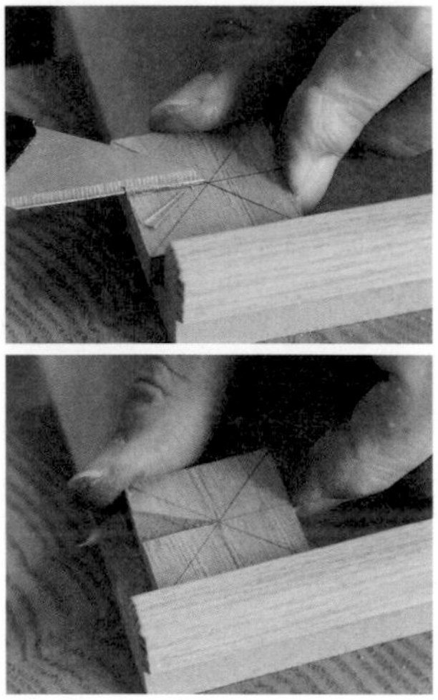

3　以工藝刀將刀痕兩側，一刀一刀的削成斜面。

製作要點

呈現簡潔俐落的對稱V字

一　像摺紙一樣，讓稜線鮮明顯眼的呈現。若砂紙打磨過度，反而會失去整體的俐落感。

二　不要集中單側進行削切，而是輪流在兩側作業。為了讓V字能夠完美對稱，因此要一邊檢視整體平衡地削切。

三　請注意，避免讓V字的頂點太過靠近底邊。

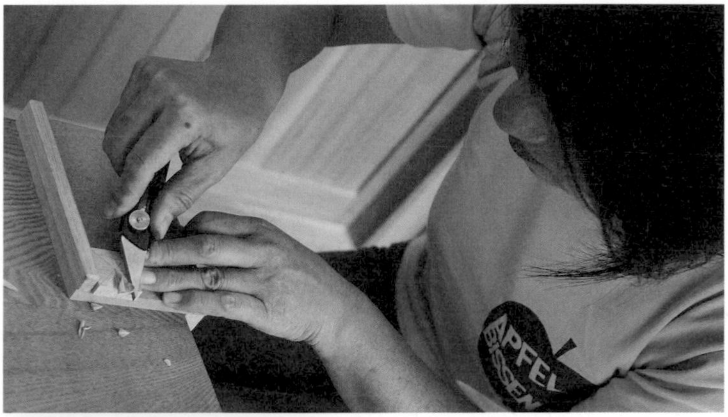

4 為了呈現出V字形，因此要在兩側交互進行削切。要有耐心的一刀一刀進行，再以相同方式製作另外一邊。

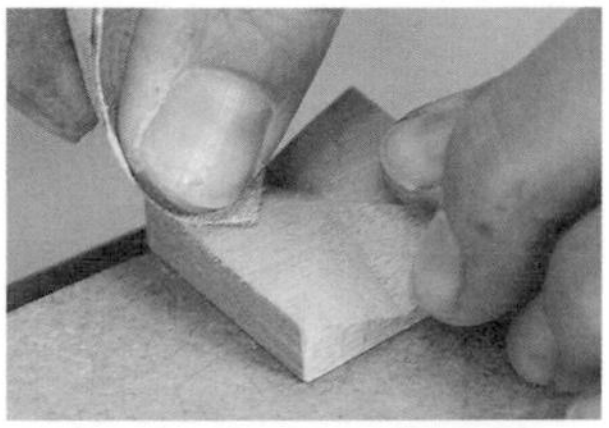

5 先用＃150砂紙進行打磨，再改用＃240砂紙研磨拋光。

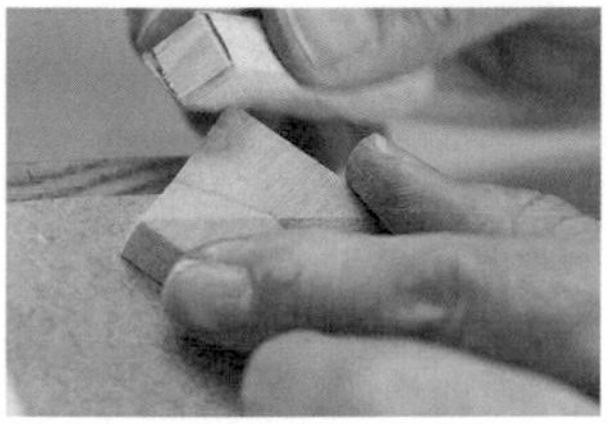

6 將砂紙纏繞在木片或免洗筷上進行打磨，作業起來會更加方便。

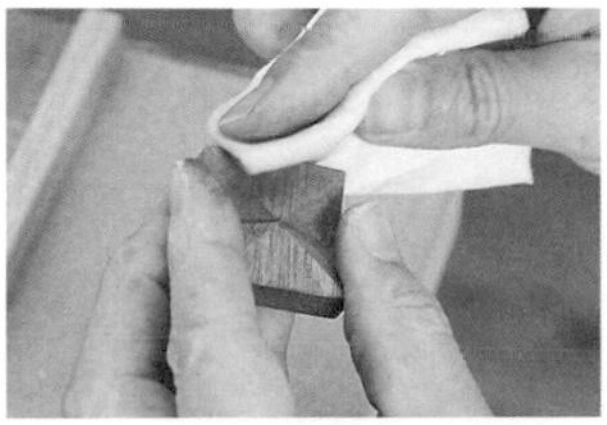

7 用沾染核桃油的布片均勻塗抹木胎。最後擦去多餘油脂，置於通風良好的地方陰乾，即可使用。

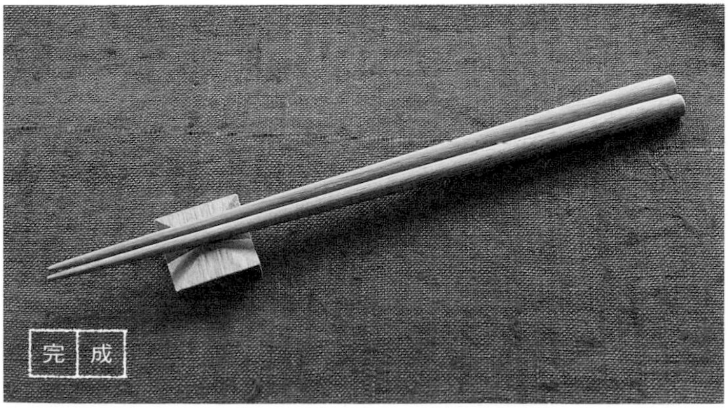

完成

萩原英二的筷子。公筷（左起2雙・核桃木＆黑胡桃木）、便當筷（左起第4雙・核桃木）、兒童筷（右起第3雙・黑胡桃木）、納豆筷（右起第2雙・核桃木）、利休筷（右・柚木）。

樹種別・木工道具使用方式&技巧

樹木依種類不同，硬度與木紋特徵也形形色色。因此，以刀具進行「削切、鑿刻」作業的時候，即便刀具的基本操作方式相同，但依據樹種特性的不同，運用刀具的方式也會產生若干差異。在解說刀具的使用方法之前，先來認識木材的分類或硬度區分方法等相關知識吧！（請一併參照P166「木材一覽表」）

▼木材的概略分類

樹木基本上大致分為針葉樹與闊葉樹兩種。像松樹、杉樹這樣有著針狀葉的樹木為針葉樹，而如同柏餅外側的柏葉（槲樹），為扁平狀樹葉的樹木則為闊葉樹。

闊葉樹幹中具有擔任輸導水分功能的導管組織結構，針葉樹幹中沒有導管，而是有稱為假導管（管胞）的組織。

1. 針葉樹材

即針葉樹的木材。木質基本上較為柔軟，因此英語稱為軟木（soft wood）。針葉樹材大多是春材與秋材硬度差異較大的木料（春材柔軟而秋材堅硬）。松樹、杉樹、日本冷杉等木料，由於同時存在著硬度差別明顯的春材與秋材，因此難以雕鑿。比較容易雕鑿的樹材為檜木、紅豆杉、羅漢柏等。

2. 闊葉樹材

楓木、樺木、櫸木、梣木、橡木等皆為闊葉樹的木材。整體而言較針葉樹材堅硬，因此稱為硬木（hard wood）。然而，也有毛泡桐或巴爾沙木（輕木）之類，質地非常輕盈柔軟的樹種。

依導管的排列方式又可區分成數種類型。只要事先了解木材所屬的類型，在加工或塗裝時將有很大的幫助。

・環孔材

直徑較大的導管會沿著輪界處（年輪的界線）排列，使年輪紋路清晰明顯。諸如櫸木、水曲柳、橡木、栗木等。

・散孔材

導管口徑大小趨近一致，且均勻分布於年輪內，使得木紋大多不明顯。諸如櫻木、楓木、日本厚朴、蘋果樹、黑檀木等。南亞地區進口的木材大部分都是屬於散孔材。若木材比重較低，就易於雕刻（像黑檀這樣比重高的樹種，手雕就較為費勁）。

・放射孔材

導管以樹木髓心為中心，呈放射狀排列。諸如日本常綠橡木、錐栗等。由於材質堅硬，因此不適用於製作木餐具。

環孔材（水曲柳）

散孔材（真樺）

放射孔材（錐栗）

針葉樹（檜木）

比重

數值愈高，木材也愈重愈硬。比重只要超過1，木料就會沉入水中，也就是一般所說的沉水料。比重是挑選木料時，用於評量材質的基本指標。但實際加工木料的手感，也有可能出現與數值高低不一致的時候。就算木材的比重數值高，也可能易於削切；即使數值低，也有可能因木紋關係而難以削切。

＊比重數值範例：毛泡桐0．19～0．40、日本柳杉0．30～0．50、栗木0．60、日本常綠橡木0．74～1．02

春材（早材）與秋材（晚材）

在樹木為期一年的成長期間，成長期前半的季節稱為早材，顏色較淺且材質鬆軟。成長期後半的季節則稱為晚材，材質較硬且顏色較深。

早材生長期為春天到夏天，所以亦稱為春材，日本木工相關人士又稱為夏目。晚材生長期為夏天到秋天，因此亦稱為秋材，日本則別稱冬目。

春材與秋材的硬度差距甚大時，就算木材本身比重低，鑿削加工也會很困難。

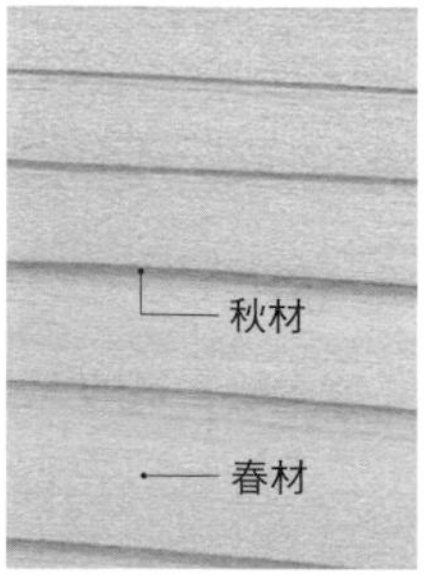

＊依據樹木部位的木料（心材、邊材）、木紋（直木紋、山形紋）、產地等不同，加工難易度也會有所差異。

▼雕刻刀基本使用方法

指導：山極博史（P150~157）
*山極先生為左撇子。

接下來將為各位介紹，依木質硬度使用雕刻刀與刀子等工具的方法。不過，首先是無關硬度，使用刀具的基本要點。

1. 安全面上應小心謹慎

由靠近自己的身前處往外推動刀具。絕對不要將刀刃朝向未持刀的那隻手。

2. 手或手指的運用方法

以未持刀的另一手大拇指為輔，固定木料。持刀之手的小指作為支點，推動刀子。切勿直線推動刀具，而是猶如畫圓般滑出弧線來操作刀削。此時，小指與另一手的大拇指就是支點與擔任煞車作用。使用工藝小刀時，也是以畫圓的方式滑動削切。

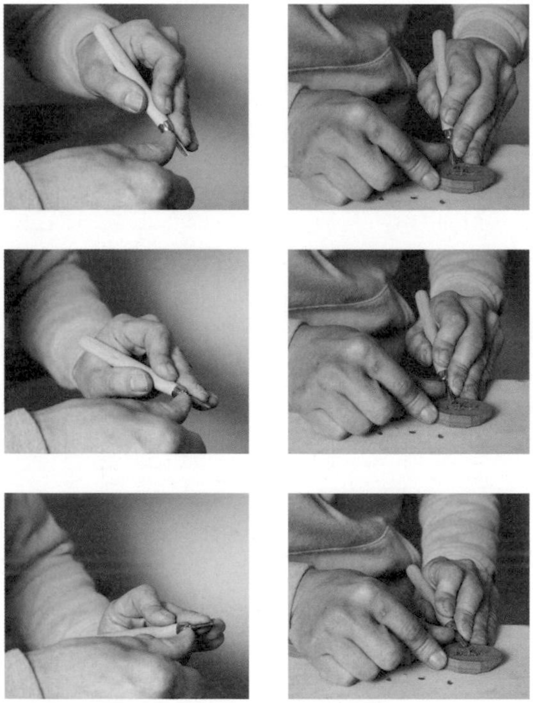

由上往下依照片順序，以畫圓的方式來滑動刀具。

3. 固定木料

利用木工台或橡膠製的止滑墊固定木料，避免作業時位移。木屑一旦沾附在手上便容易手滑，需要更加用力而容易疲累。為了預防這種情況，不妨準備一條溼抹布，於作業空檔稍微擦拭除屑，會更好操作。

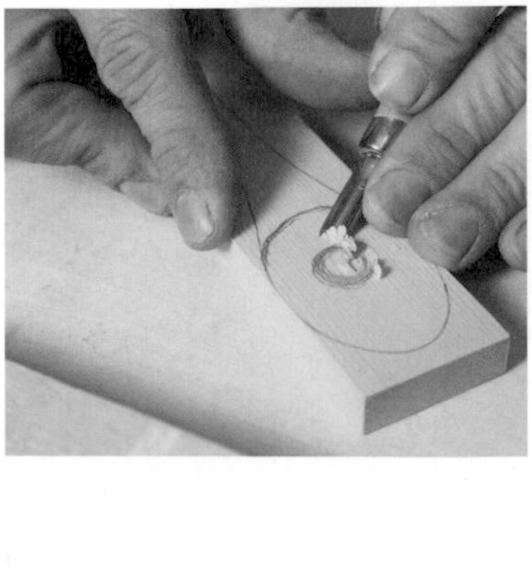

▼木作餐具主要使用刀具

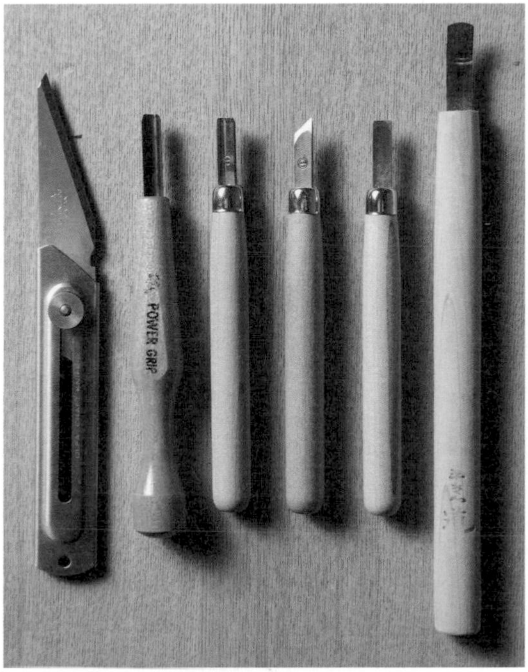

由左至右依序為小刀（雙刃）、圓口刀（2支）、斜口刀、平口刀、翹頭圓刀。南京鉋請參照P158。

初學者在製作木匙時，最好要準備雕刻刀的圓口刀與小刀。平口刀是用於削切四方碟邊角時，方便修整的工具。翹頭圓刀則適合用來鑿雕湯匙的匙斗。

刀刃一旦變鈍時，使用＃1000的耐水砂紙輕輕研磨，刀刃就會變得鋒利好削。趁著作業的空檔輕輕摩擦，刀刃就會變得鋒利。盡可能將耐水砂紙置於具有凹槽的工作台上，如此一來，只要一邊轉動雕刻刀，一邊拉動砂紙即可。

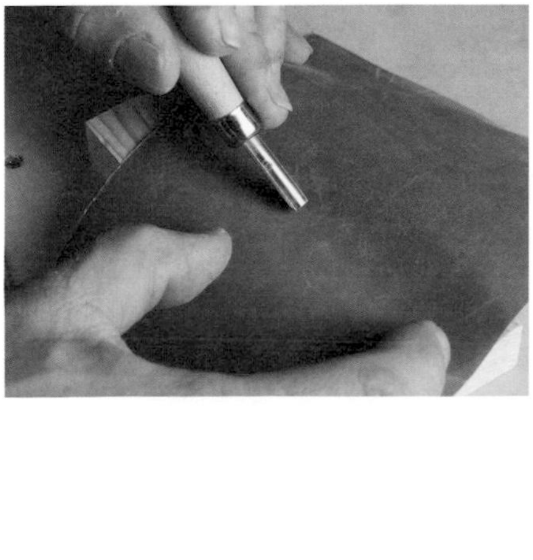

▼木料固定工具

木工台（木工桌、木工鋸台）

固定於桌面使用的工具。也可以自製簡易木工台，只要在木板兩端一上一下的牢牢安裝角材即可（建議先以木工專用白膠接著，再用螺絲鎖緊）。

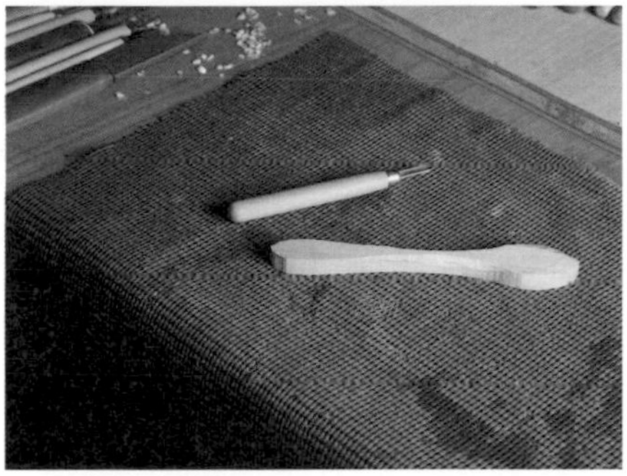

橡膠製止滑墊

不限場所皆可攤開來使用，相當便利的工具。可於大型居家修繕中心購買。

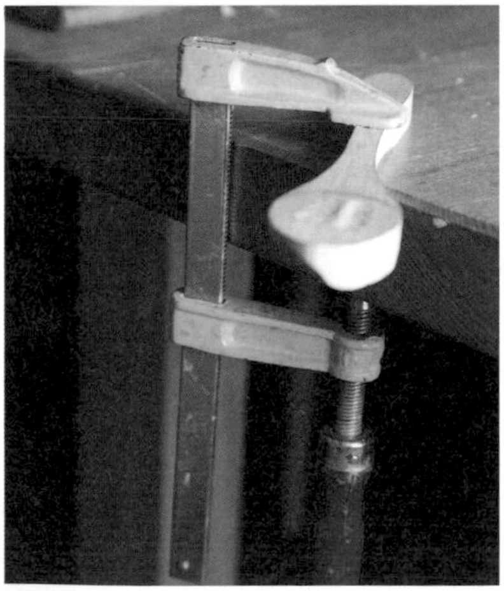

夾鉗

安裝於作業台使用，以手持鋸切割木料時的必備工具。製作木匙時，是鋸切前端等步驟中十分重要的道具。

▼木材硬度&刀具使用訣竅

1 軟木

●雖說是軟木，但不見得就因此容易鑿削。若是作為餐具使用，其中也有鬆軟但不堅實的木料，須特別留意。

●大多數的軟木皆可順暢削切，因而容易一時不察削過頭，連應該保留的部分也削掉了，請務必慎重地進行作業。因此，運用手持雕刻刀的小指與另一隻手的大拇指作為固定支點，代替煞車的功能來時時提醒自己。

●刀刃切入木料的角度，相較於硬木料更接近直角（雕刻刀呈直立的狀態）。

●請使用刀刃鋒利的刀具（充分研磨過的）。由於木料鬆軟，即使刀刃不鋒利也能破壞纖維，卻無法呈現乾淨俐落的斷面（粗糙龜裂的觸感）。木料的表面一旦遭到破壞，就無法製作出美麗的作品。

材質鬆軟的木材。由上而下依序為毛泡桐、日本柳杉、椿茶木、檜木、樟木、貝殼杉。其他還有椴木、日本厚朴、松木等。

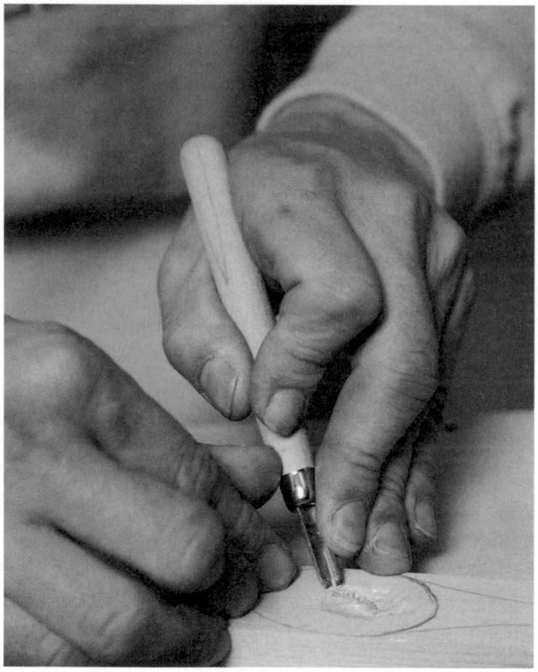

檜木 以雕刻刀削切

●雖然屬於材質鬆軟的木料，但秋材部分卻比春材更為堅硬，硬度的落差極大。因此進行到橫跨秋材年輪線的削切作業時，應特別慎重地操作刀具。

●木屑較長。之所以能削出長長的木屑，正是由於能夠順暢削切之故。

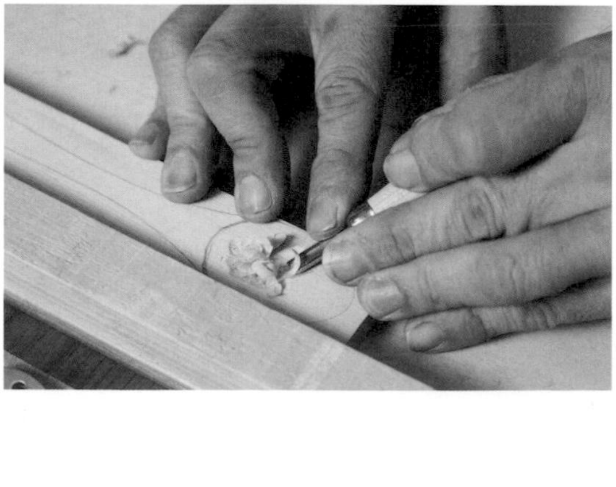

以刀子削切

●雖然可以輕鬆削切，但如果不謹慎地操作刀刃，一不小心就會失手打滑。

●一旦刀子陷入逆紋卡住，不妨轉換木料方向，改由反方向進行削切。

●木屑稍厚且長。

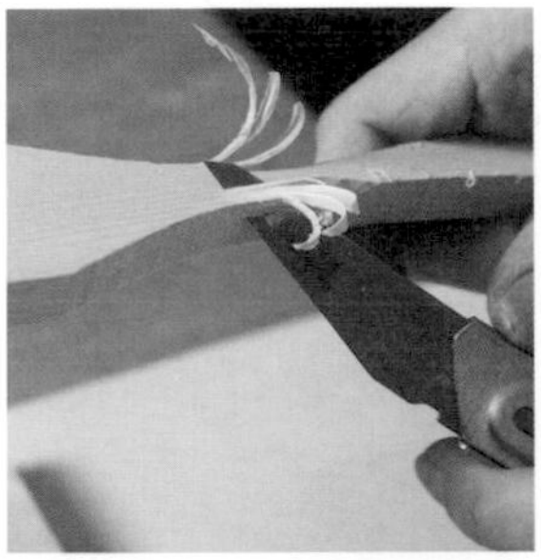

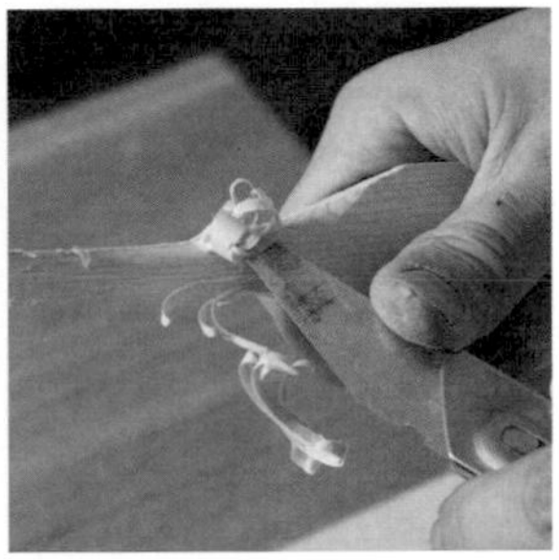
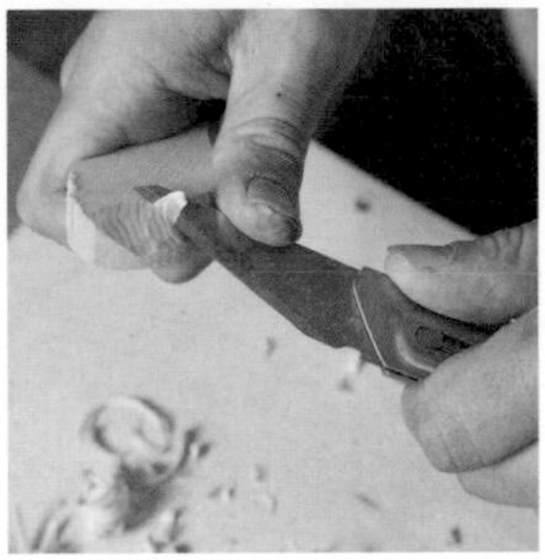
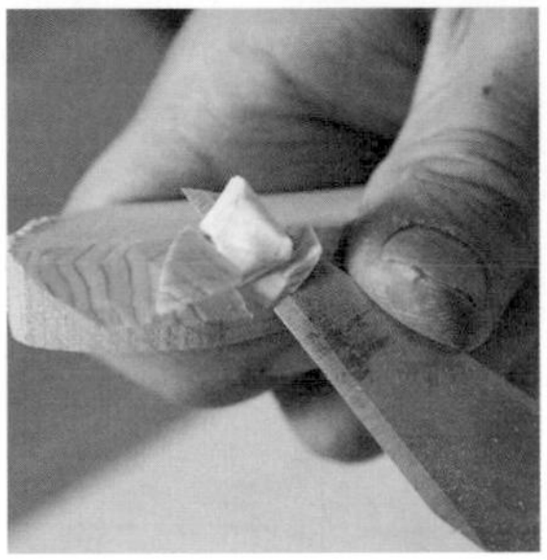

日本柳杉

●雖然木質較檜木更加鬆軟，但由春材跨越至秋材的年輪線時，削切的刀刃會有難以往前推進的滯澀感。如果不注意這點，會變成只削到春材的狀態。

●可用於製作筷子或盒子，但不適合製作成木湯匙。

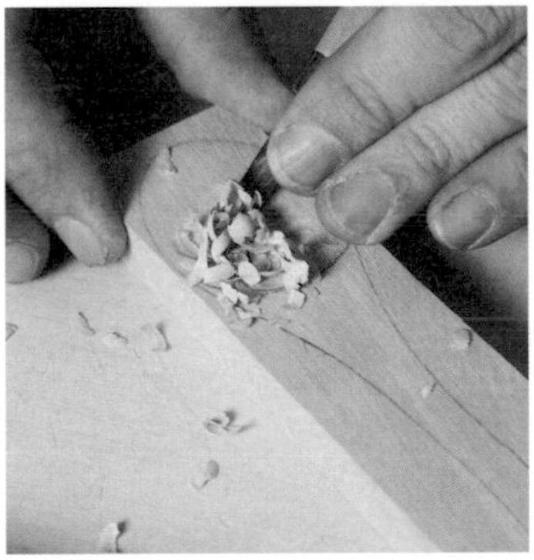
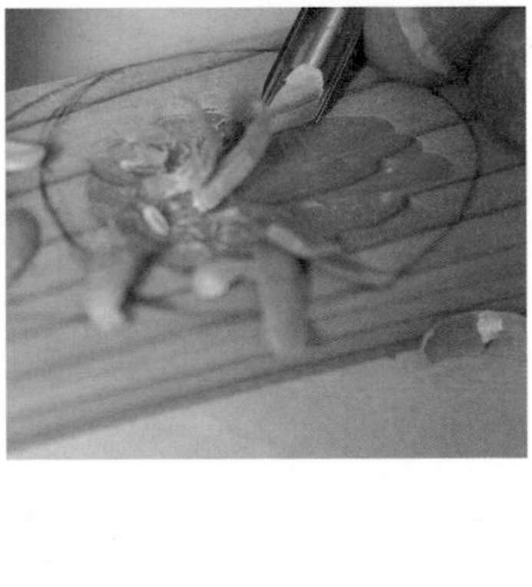

貝殼杉

●屬於木紋不明顯的南洋木材。不必在意該從哪個方向開始下刀，只要能順利進行削切即可。對初學者來說是易於削切的木料。椴木也具有同樣的手感。

●由於大型居家修繕中心都有販售此類杉木材，因此取得方便。

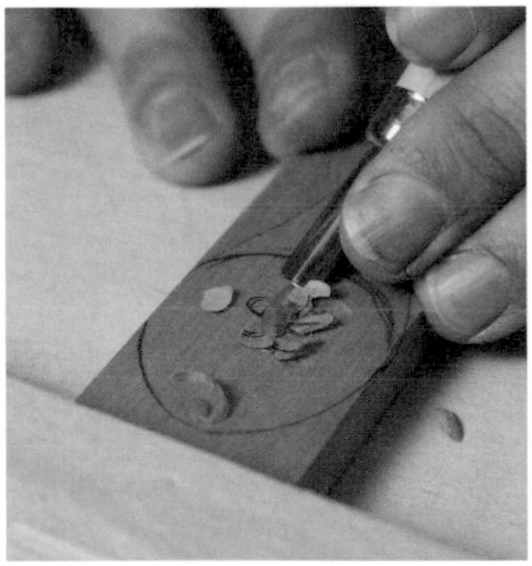
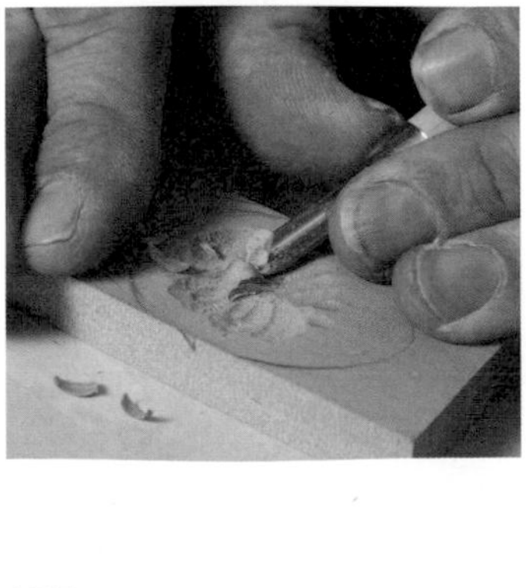

2 硬度適中的木材

●基本上只要確實地進行削切即可。不過在削切環孔材時必須特別留意，免得一不小心就受到秋材（比春材更為堅硬）的影響。

●相較於檜木等軟木料，木屑顯得更薄更短。

●桍木材容易出現明顯的個別差異，雖然櫸木也有個別上的差異，但印象中比起黑胡桃木還是硬度較高的。栗木雖是環孔材且木紋較粗，但比較容易削切，可以完成美麗的作品。美國白蠟木與桍木手感相同，易於加工。核桃木對初學者而言，也算是容易削切的木料。日本山櫻雖然感覺比較堅硬，但依然能夠順暢削切。

黑胡桃木

以雕刻刀削切

●硬度適中，容易削切。基本上只要確實地施力削切，就能順利作業。

●雕刻刀切入木料的角度，相較於檜木要再平緩一些（往下壓低）。

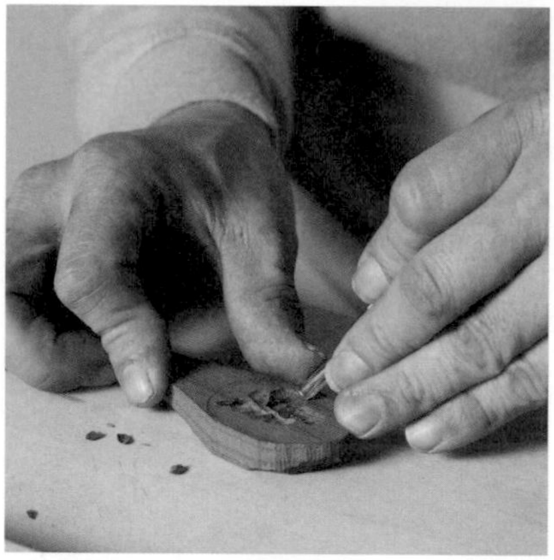

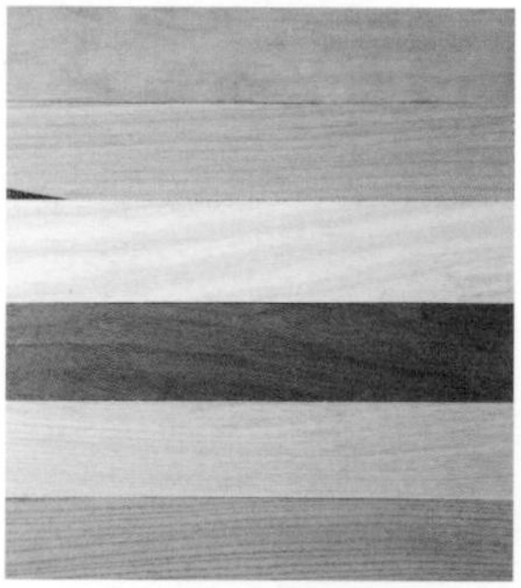

硬度適中的木材。由上而下依序為櫻桃木、桍木、美國白蠟木、黑胡桃木、栗木、櫸木。其他還有核桃木、日本山櫻等。

以刀子削切

●開始削切時，以刀刃淺淺下刀。一邊看著刀刃抵住木料的狀況，一邊確認手感，慢慢地沿著木紋往前推進。

●只要產生阻力，就立刻停止動作，改由反方向開始削切。一旦帶著滯澀感勉強推進，很容易造成大塊木料的剝落。

●以畫圓的方式滑動刀刃。宛如削蘋果皮般的感覺來滑動刀子為宜。

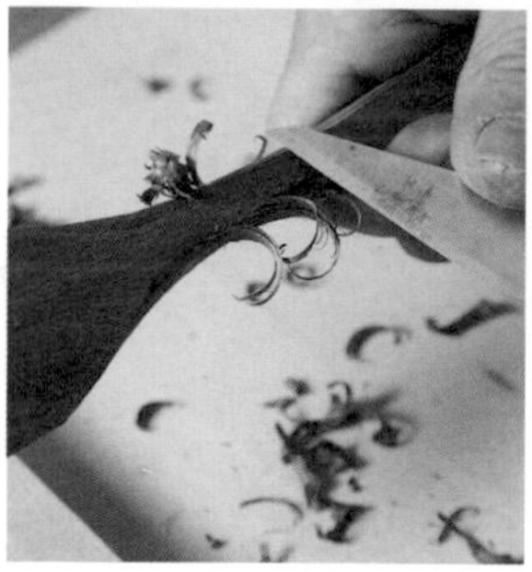

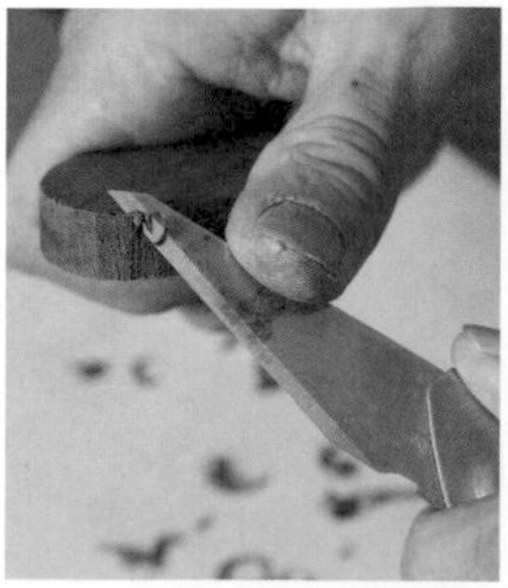

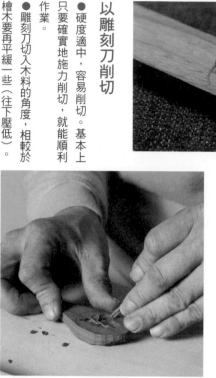

3 硬木

●就算是堅硬的木料，也會有容易削切的木紋方向或部位。不妨利用試削等方式，謹慎找出易於削切的方向。初學者最好避免在木紋緻密的部位進行挖鑿作業（例如湯匙匙斗等）。

●不要浪費力氣過度用力，基本上只要一刀一刀，一邊穩定支點一邊確實地進行削切即可。雕刻刀切入木料的角度，比起檜木或日本柳杉等木料要更加往下壓低一些。

●雖然說木質較為堅硬，但絕對要避免因此而施力過當。初學者通常會一不小心就用力過度，特別是大部分的男性都會想靠蠻力進行削切。

堅硬的木材。由上而下依序為楓木、橡木、日本山毛櫸、歐洲櫸木。其他還有黃楊木、日本常綠橡木、黑檀木等。

楓木

以雕刻刀削切

●因為木質堅硬，所以只能淺淺地慢慢削切。

●不要過度施力，以刀刃一刀一刀地進行削切。

●木屑又薄又細又短。這種情況表示，直到完成為止會需要更長的作業時間。

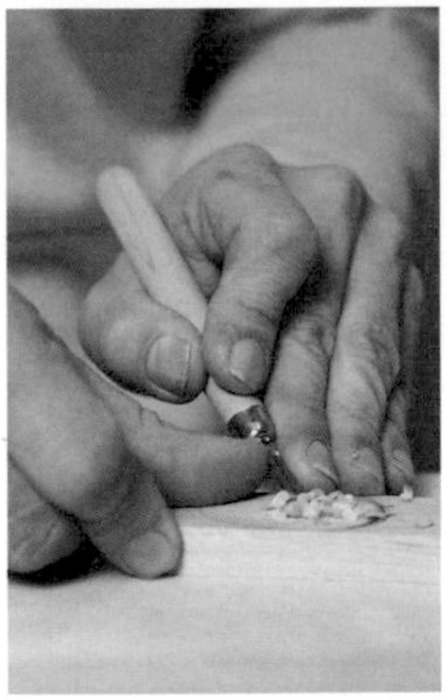

以刀子削切

●因為逆紋的存在，大多會使木料左右兩邊有所不同。千萬不要勉強在木料左右兩方的相同位置上進行削切。亦即不要逆著紋路推動刀刃。

●因為木質堅硬，所以雙手容易感到痠痛。在此情況下，最好將木料抵住木工台進行作業。

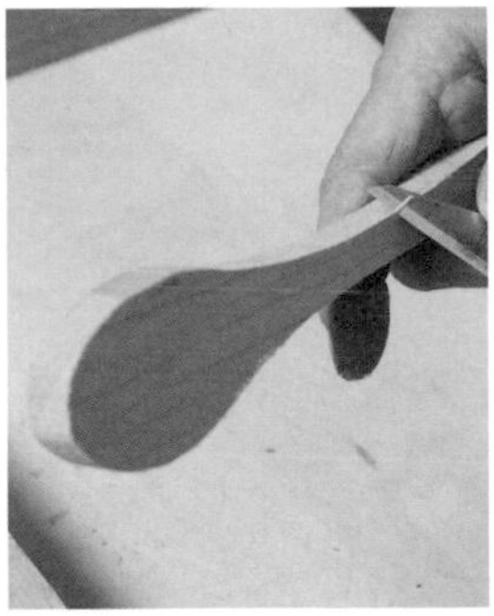

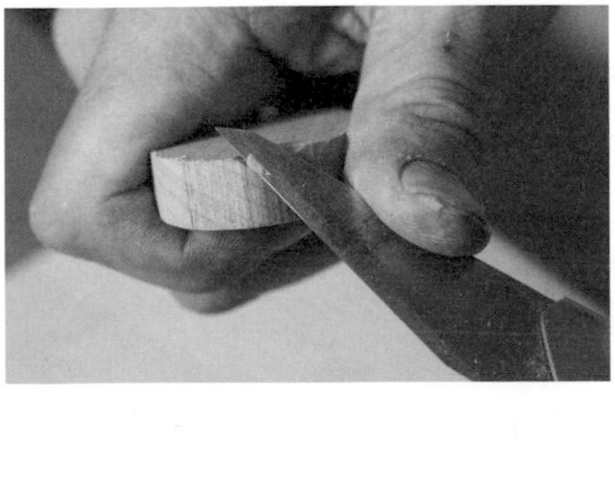

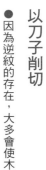

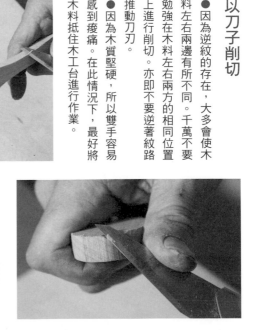

4 果樹木材

●果樹木材，普遍具有材質緊密細緻，肌理光滑平整的特徵，纖維密度也高。由於幾乎都是散孔材，因此在加工過程中，幾乎感覺不到導管的存在。完成的作品表面擁有光滑平順的質感。

●杏樹、楊梅樹等木材，有著讓人聯想到果實的淡淡香氣（特別是生材的時候）。

●果樹木材很少在市面上流通。需要透過特定的木材業者購買，或是與果園洽談，購買砍伐下來的果樹等方式來取得。

果樹木材。由上而下依序為柑橘樹、李子樹、琵琶樹、蘋果樹。其他還有梨子樹、杏樹、楊梅樹、芒果樹等。

柑橘樹（左）與蘋果樹（右）的木料與木屑。

柑橘樹

以雕刻刀削切

●雖然比重高，但材質手感是不硬也不軟的適中硬度。加工時不會被木紋干擾，可以輕鬆順利地進行削切。硬度方面是接近桍木的觸感。

●呈現明亮清爽的黃色。

以刀子削切

●帶有韌性的手感，可以滑順地削切。只要以一般方式刀削即可。

●刀子的削痕處會呈現出光澤感。

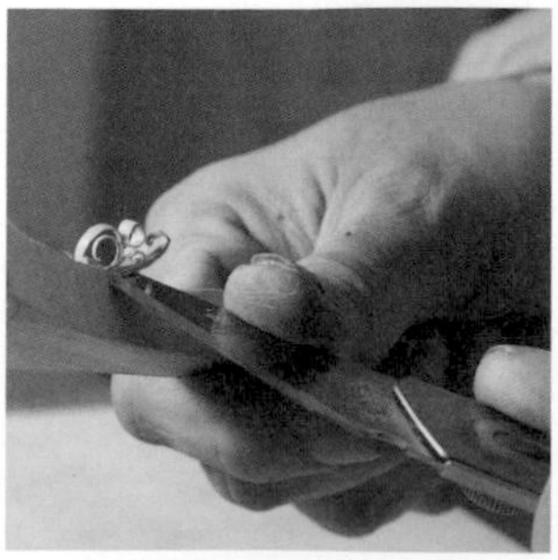

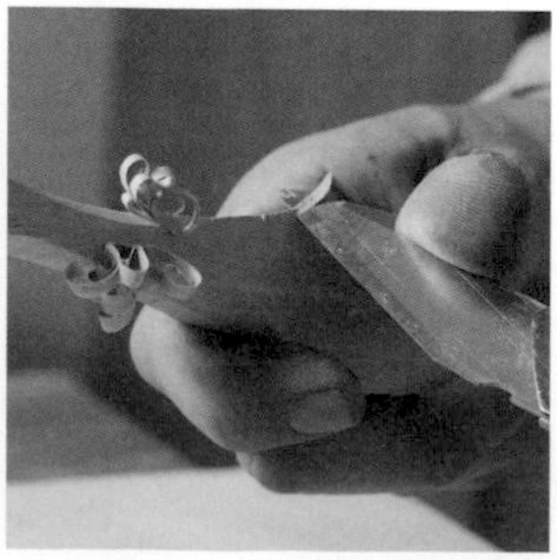

蘋果樹

以雕刻刀削切

●雖然硬度和柑橘樹差不多，但削切時可以明顯感覺到溼潤感。也因為木料本身帶有溼潤感，所以比柑橘樹更容易削切。能夠製作出觸感溫潤的木匙。

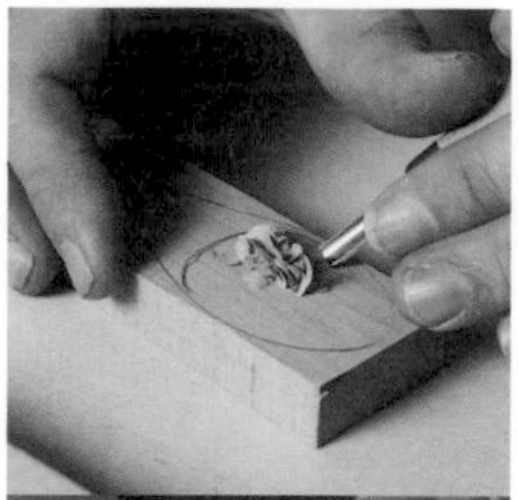

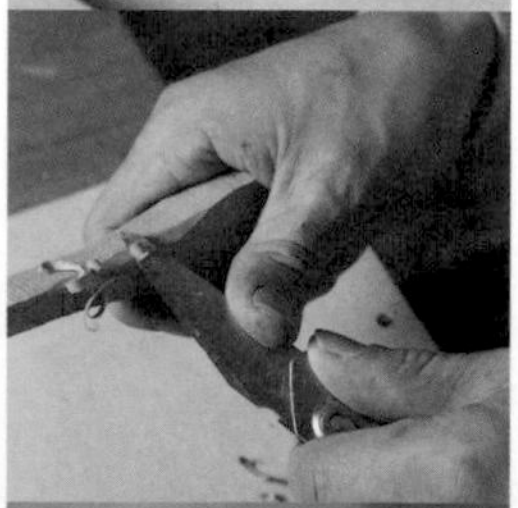

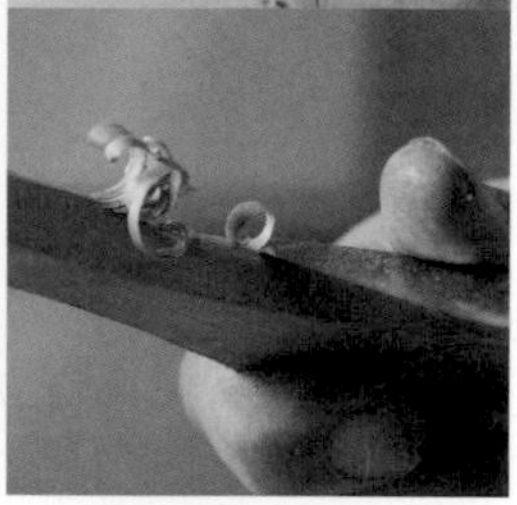

以刀子削切

●感覺彷彿是在用菜刀切蘋果，質地比柑橘樹更加柔韌有彈性而易於削切（並非乾燥疏鬆的感覺）。

●木屑又硬又薄，稍微有些長，但不易折斷。下刀的削痕處會呈現出光澤感。

＊果樹木材提供業者：武田製材・Beaver House

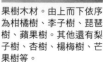

木匙製作過程中產生的木屑。由上而下依序為檜木、黑胡桃木、楓木。

▼南京鉋使用方式

指導：大久保公太郎（P158～159）

南京鉋與一般鉋刀不同，在加工木鏟或木匙等品項時，卻是相當重要的工具。比起平鉋更能自由鉋削，亦具備良好的靈活度。在鉋修弧線時，比小刀或工藝刀更加穩固且不易晃動。正因為是南京鉋，所以更容易製作出圓弧曲線。可以輕鬆打造出，作品中需要展現纖細工藝的所在之處。

大久保公太郎親自裝入刀刃，日常使用的南京鉋。由上而下依序為最終修飾用、定形用、成形用、細微弧度加工用、粗胚用。刀刃角度、刃口寬度、鉋台重量皆各有不同。

使用重點

① 不要盲目用力

不要逆著木紋鉋削，鉋削時一邊確認手感，一邊順暢地淺淺鉋削。不要一股作氣使勁地直削到底，過於用力只會徒勞無功。

② 鉋削卡頓之處稍微斜向持刀

逆紋等難以鉋削之處，將刀刃改為斜向拉鉋就會容易多了。

③ 單手鉋削時要特別注意安全

請小心留意不要傷及握持木料的手。基本上，鉋刀屬於安全的木工工具，比起刀子等，較不容易造成嚴重傷害。

④ 研磨刀刃

鉋削針葉樹材時，因為木質鬆軟，所以能夠輕鬆鉋削。但是若以不鋒利的鈍刀進行鉋削，反而會刮花木料表面，變得參差斑駁狀。只要以磨刀石研磨，鉋削狀態就會大幅改善。

南京鉋鉋削時的木料固定方法

① 不輔以工具，而是利用手或胸口來固定

●利用手和胸口固定木料，並以單手推動南京鉋。由於不易施力，因此不必勉強鉋削。適用於鉋修平緩弧度或是連貫線條時。

●利用胸口和桌角固定木料，以雙手握持南京鉋鉋削。

●利用胸口和膝蓋固定木料，手持南京鉋鉋削。腳放在平台等物體上，抬高單腳的膝蓋。鉋削木匙的時候，比較容易作業。

② 鉋削木馬（Shaving horse）

歐洲自古以來使用至今，固定木料進行加工的作業工具。像騎馬般跨坐其上，用腳踩著踏板固定木料。只要有一點木工經驗的人都有可能自行製作。

③ 夾鉗

可將削切木料牢牢固定，使初學者方便作業。但是，每次將木料前後挪動或翻轉時，都必須重新調整鎖定。亦可使用台虎鉗（萬力）代替（參照P51）。

④ 打包帶（PP帶）

將削切木料置於夾鉗固定的木材上方，將捆包用的打包帶固定成圈後，掛在削切木料上。用腳踩住圈圈一端加壓固定，同時避免木料移動地鉋削作業。由於能隨意調整木料位置，可說是非常方便的固定法。打包帶或綑綁帶可以在大型居家修繕中心以便宜的價格買到。

D A T A

以下頁面介紹了木製餐具、器皿的
保養方式、木工相關工具與用語解
說等，敬請加以參考。

用語解說

解說本書中的木工相關術語（依日文五十音排序）。

【曲度】（R角）

圓弧或曲線形狀的略稱。常見表現方式為「作出曲度」。

【胎體】（木地）

木製藝品尚未塗飾的原色狀態（木胎、木胚）。在漆器產地，所謂的木地師（木旋工藝師）則是利用木旋車床直接將原木料鉋削成碗盤等胎體的匠人。塗師則是專職髹漆之人。

【取材】

依實際需要，將原木或大型木料鋸切成所需形狀或尺寸。

【手雕木器】（刳物）

使用鑿刀進行雕刻、削切木料製作而成的器皿或缽盆等物。所謂的「刳」就是用刀具在木材上削切剖挖的意思。

【橫切面】

相對於原木中心軸，呈直角鋸切的橫切面（與木料纖維方向垂直的裁切面）。

【逆紋】

逆著木紋使用鉋刀削切時會難以前進而卡頓的方向。順紋的相反詞。

【指物】

藉由組合木板製成盒子或家具等木製品的工藝技法。在拼接兩片木料時會運用多樣化的榫接技法，基本上不使用釘子。P104奶油盒用的是「板料對接榫」，P120的和菓子托盤則是使用45度鍵片接合的「方栓斜榫」。

【夏克式家具】

夏克教徒製作，外形極簡樸實，著重機能性的家具。從家具就能感受到夏克教徒真摯的製作精神，以及毫無多餘裝飾的「機能美」。不僅大幅影響近代家具設計，日本也有許多木工作家創作夏克式風格的作品。夏克教為基督教新教教派之一的貴格會分支，十八世紀後半於美國東海岸展開活動，十九世紀中來到全盛時期。教徒們於聚落中過著自給自足的簡樸生活，如今此教團已不存在。

【接頭】

銜接兩個部件組合為一體的裝置，或兩者之間的接合處皆稱作接頭，以榫接而言就包含了榫頭與榫孔。多指直角或斜角的組裝場合。

【鑲嵌】

刻蝕木料或金屬表面，並且在該部位嵌入不同材料，藉此製作出花紋圖案的工法。以木製品來說，就是嵌入多種不同顏色的木料。P142丹野則雄製作的筷子就使用了鑲嵌工法。

【糨糊】

將米飯搗碎製作而成的強力糨糊，自古以來就廣泛運用於指物等工藝接著。似乎也因此有了來自匠人的「思緒和糨糊都是愈熬愈佳」的俚語。P104的奶油盒就是使用糨糊黏合而成。

【木榫片】

是為了補強接合處而嵌入的木料鍵片，也經常用於修補裂縫。常見為兩端寬、中間窄，形似蝴蝶的厚鍵片，能將兩塊木料緊緊扣鎖。

【邊角料】

原木製材處理或木工取材作業過程中所產生，因為尺寸太小或形狀關係，無法作成任何部件或作品的木料。

【拭漆】

以毛刷或布塊沾取生漆，均勻塗刷木胎後擦去多餘漆料，進行乾燥。重複此操作數次，層層塗裝最後成品的木製品加工方式，又稱「髹漆」、「擦漆」。為了作出美麗的成品，木胎拋光的光滑度十分重要。

【直木紋】

年輪幾乎呈現平行縱走的木紋，由圓木中心向外呈放射狀鋸切時就會呈現此紋。而木板上的木紋呈現層疊山形或不規則波浪狀，則是稱為「山形紋」，平行圓木中心垂直弦切時呈現。鋸成直木紋的木材乾縮率會比山形紋的要小，亦即較不容易出現翹曲或變形。

【修邊／倒角】

用砂紙等打磨木料邊角，使其變平滑的作業。確實作好修邊的步驟，能讓作品整體看起來精緻漂亮。

【木旋】

利用旋轉力道來進行木工作業的總稱。狹義來說，是將木料固定於軸心一端，在圓軸旋轉的同時以刀具削切木料，製成容器等木胎的木旋車床機具。P40佐藤佳成的木匙就是使用木旋車床進行加工。

工具解說

以「動手作作看」單元中使用的工具為主，針對數種木工相關工具進行解說（按照五十音順序排列）。

【線鋸】

在稱為「鋸弓」的金屬製鋸框裡，嵌入細薄鋸條刃片製成的手鋸。適合用於鋸切曲線或開孔作業。由於鋸片容易折斷，使用時需多加注意。

【夾鉗】

固定木材的夾具。鋸切時用以避免木料產生滑動，膠合材料後用以緊壓固定，是木作不可或缺的工具。常見有C形夾、F形夾，依大小、形狀有著各式不同的類型，在居家修繕賣場約幾十、幾百元即可買到，百元商店也有販售。

【鉋削木馬／鉋木臺】（Shaving horse）

鉋削木材作業時使用的工具。操作者跨坐在鉋削木馬上，用腳踩住踏板，利用槓桿原理即可牢牢固定木料，再以拉刀等刀具刨削木料。為英國木匠使用至今的傳統工具。對於生木木作（Green Woodwork）來說是不可欠缺的工具。

【木工台】（木工桌、木工鋸台）

鉋削木料或雕刻時所用的工作台。可以固定於桌面使用的小型木工台，對木工初學者來說是十分便利的重要道具。

【畫線規】

又稱畫線刀，一端安裝薄刀片，以刀尖在木料上描畫平行線的工具。

【玄能鎚】

鐵鎚的一種，敲打鑿具、釘釘子等作業的必要工具。鎚頭為鐵製，依敲擊面分為雙口與單口。玄能鎚通常指雙口玄能鎚，一側平面，另一側微凸。

【小刀】（切出小刀）

Knife，通常指刀刃較寬的斜口裁切刀，適合用於削切木料稜角與曲線，是製作湯匙或筷子時不可或缺的工具。因為是木工常用刀具，使用過程中請務必小心，絕對不可將手置於小刀的削切方向（行進方向）前方。居家修繕賣場也能買到商品名為「工藝刀」或「雕刻刀」（Carving knife）的小刀。

【砂紙】

研磨紙。表面附著細沙或石粉等研磨顆粒的紙張或布料。以「號數」表示粗細程度，數字前會加上「#」符號，數字愈小研磨顆粒愈粗，數字愈大顆粒愈細，例如＃400就常被用來作為木胎的最後修整拋光。

【直角規】

金屬製的短角尺，用於確認材料的直角與測量平面的凹凸狀態。

【拉刀】

兩側附有把手的刀具，使用時兩手握住把手向後拉回進行鉋削。製作木桶或木盆時可取代鉋刀。常見在鉋削木馬上用拉刀削切材料。

【雕刻刀】

用於雕刻的小刀。非常適合處理湯匙匙面或小碟子等凹處細部作業時的重要工具。有圓刀、平刀、三角刀等多種類型。

【45度角尺】

「斜接」為木工接合方式之一，將直角分成45度角再進行接合的工法。45度角尺是可固定於材料一邊後測量45度角的工具，市面上另有結合多種固定角度與角尺功能的量尺稱為止型角規。

【南京鉋】

使用雙手控制的小型鉋刀。反鉋類型之一，鉋刀檯座呈圓弧狀，多用於木料面的曲線鉋削。

【鋸子】

①雙刃鋸

兩邊都有刃。一邊是順著木紋方向（木料纖維的生長方向）縱切時使用，另一邊則是與木紋成直角方向（與木料纖維成直角）橫切時使用。

②導突鋸

鋸片較薄的小型單刃鋸。適合橫向鋸切的精密作業使用。

【鑿刀】

用手推或是用鎚子敲打鑿柄，雕刻、切削木料或在木料上開孔等。雖然大小和形狀有很多種，但依據使用方法大致分為以下兩類：以鎚子或玄能鎚敲打鑿柄的「打鑿」，和用手推削的「修鑿」。鑿刀規格則是依刃口寬度而定。

木材硬度與入手難易度一目瞭然的
木材一覧表

（主要介紹本書出現的木材）

將本書刊載的木作餐具或容器使用素材彙整列表，比較其特徵。各項目的評價並非絕對，亦包含多數主觀看法。木材會因產地不同等要素產生個別上的差異，請作為大致基準來參考即可。

（表格說明）

1 木材名稱

有些可以分得更細，在此是以木料的一般總稱來表示。
★：比較容易削切，初學者在製作木器或餐具時也比較輕鬆的木料。
（闊）：闊葉樹

1 木材名稱	2 硬度	3 加工難易度	4 獲取難易度	5 適合製成的器具	6 特徵、餐具之外的用途、木工作家的建議（「」內）等
★ 貝殼杉（針）	C～D	◎	◎	奶油刀、奶油盒、湯匙、果醬抹刀	可在木材行購得，容易加工可輕鬆運用。原木顏色為褐色系。適合製作玄關門、抽屜側板等。產地為東南亞。
鐵木（闊）	A～B	△～○	△	筷子	雖是質地緻密的優質木材，但大多不在零售市場上流通，所以取得困難。質地堅硬且切削略嫌不易，木材表面具有光澤。
色木槭（闊）	A～B	△～○	○	筷子、勺、盆	屬於硬木，所以會作為楔子使用，過去曾用於製作滑雪板。擁有美麗的木紋（縮紋等）。「適合上油塗裝。機械作業或打鑿都可以處理，若是以雕刻刀或手鋸等手工具加工則相當辛苦。」
銀杏（針）	B～C	◎	△	砧板、碟、盤	「很好削切。」易於加工又具有光澤，抗水性強卻又不會太硬，因此橫切的原木圓片經常製作成中式料理的砧板。
★ 黑胡桃木（闊）	B	◎	◎～○	湯匙、餐叉 奶油刀、奶油盒	北美產核桃木的近親品種。宛如巧克力的色澤上有著由褐至黑的帶狀條紋。韌性強又易於加工，是很受歡迎的家具材。可用來製作所有的木製食器。「木料不易變形方便處理。感覺上較日本核桃木硬，又比橡木軟，硬度十分適中。」
蝦夷松（針）	C～D	◎～○～△	◎～○	奶油盒、盤子	中文名稱為魚鱗雲杉，可在木材行購得。木紋通直，肌理緊密細緻。「基本上屬於軟木料，但硬度會因為年輪而產生落差，讓鑿刀和鉋刀使用不易，雖然可以造成切口，卻有卡住難以拔起的感覺。鋸子則沒有問題。」
★ 槐木（闊）	B	○	○	湯匙、果醬抹刀 容器	日本的槐木通常是指學名為毛葉懷槐，俗稱犬槐的木材。心材（樹幹中央部分）為褐色系，是民俗藝品（熊或貓頭鷹的木雕等）的主要材料。「帶有光澤且韌性佳，雕刻時有牽絲感，很好加工。」
日本常綠橡樹（闊）	A	△	○	手雕木器、盤子	日本產木材中硬度最高的木料之一。難以進行切削加工。通常用作鑿刀、鉋刀等工具的握柄或臺座，以及船槳、船櫓、木製板車的車輪等。

（針）：針葉樹

2 硬度

表達木材硬度或強度的值，此外還參考了木工作家們的意見，最後彙整成此資料。

A：硬　B：硬~中

C：中~軟　D：軟

3 加工難易度

所謂加工包括了使用鉋刀刨平、鑿刀雕刻、鋸子切割等多項處理作業。另外，也有用機器可以輕鬆加工，但使用手工具卻很費力的情況。在此將參考所有狀況，給予匯總後的評價。

◎：容易加工。

○：普通。

△：難以加工，十分費力。

4 入手難易度

表示一般個人取得該木材的難易度。

◎：基本上在大型居家修繕中心皆可購得。

○：居家修繕賣場不太會有。不過奇木藝品店或木材行可能買得到邊角料。

△：基本上不在零售市面流通，極難入手。

5 適合製成的器具

本書裡一定會提到作家是使用何種木料製成該用品。除此之外當然還有其他適合的用途，都會一併在此欄羅列出來。

6 特徵、餐具之外的用途、木工作家的建議等

簡介之外，還包含了木工作家基於該木料的實際體會、給予的意見或印象。

1 木材名稱	2 硬度	3 加工難易度	4 獲取難易度	5 適合製成的器具	6 特徵、餐具之外的用途、木工作家的建議（「」內）等
★ 連香樹（闊）	C	◎	◎~○	盆、盤子、湯匙 奶油刀	材質柔軟易於雕刻削鑿，因此特徵成為鎌倉雕的主要材料，也用於製作佛像和抽屜側板。「容易雕鑿，削切順手，木紋也很柔順易於處理。」
樺木（闊）	A~B	○	○	湯匙、奶油刀 果醬抹刀	真樺、雜樺等樺樹的總稱。真樺既重又硬且緻密，肌理溫潤美麗，經常高價收購作為家具或室內裝潢材料。「有韌性且硬度夠，可以俐落輕鬆地加工，外表光滑又有光澤，適合上油塗裝。」木材中所謂的樺木不含白樺，兩者視為不同木材。
印度紫檀（闊）	A～B	△	△	筷子、筷架	褐色系的木質又重又硬，產自東南亞。經常用作家具的榫接片。「沒有彈性又不易變形，帶點金屬的質感可以作出銳利線條。能用機械直線切割，但雕鑿就很困難。」傳統意義上的紫檀則是指小葉紫檀。
★ 栗木（闊）	B	○	○	筷子、筷盒、盆 手雕木器、湯匙、勺	抗水性佳且材質重又硬，向來用作宅邸的基底或鐵路的枕木。「依素材而定，有時候也不是那麼堅硬，可以順暢地削鑿，只要使用鋒利的鑿刀就行。因為纖維直順，用柴刀就能輕易劈開。個人喜歡它的深邃明顯的木紋。」
核桃木（闊）	C	◎	○	湯匙、餐叉 奶油盒、果醬抹刀 容器、筷子	木材中的核桃木，一般是指生物學上的胡桃楸。「材質較黑胡桃木軟。硬度適中，不管是鉋刀還是雕刻刀都能輕鬆加工。」是本書經常出現的木材。
★ 台灣黑檀（闊）	A＋	△	△	筷子、筷架	又名毛柿，非常堅硬的黑色系木材，拋光後光澤飽滿，多用於製作佛壇、鋼琴鍵盤、中式家具＆工藝品。屬於價格昂貴的名貴木材，主要產地為東亞。「需使用機械（修邊機等），若是鉋刀等手工具會很費力。至於相似的黑柿則可以使用鉋刀，果然是日本的樹種呢！」
日本椵樹（闊）	C～D	◎	○	湯匙、果醬抹刀 盤子、容器	又稱華東椵，材質輕軟，易於加工。過去作為火柴棒或冰棒棍等。「刀鋒可以自由遊走的硬度。由於木紋不明顯，所以會自然聚焦於作品外形。因此用椵樹製造時不可輕忽大意。」

木材硬度與入手難易度一目瞭然的
木材一覧表
（主要介紹本書出現的木材）

將本書刊載的木作餐具或容器使用素材彙整列表，比較其特徵。各項目的評價並非絕對，亦包含多數主觀看法。木材會因產地不同等要素產生個別上的差異，請作為大致基準來參考即可。

（表格說明）

1 木材名稱

有些可以分得更細，在此是以木料的一般總稱來表示。

★：比較容易削切，初學者在製作木器或餐具時也比較輕鬆的木料。

（闊）：闊葉樹

木材名稱	硬度	加工難易度	獲取難易度	適合製成的器具	特徵、餐具之外的用途、木工作家的建議（「」內）等
日本柳杉（針）	D	◎～○～△	◎	便當盒、筷子	基本上，在日本提到杉木即是指此樹種，容易獲得又備受喜愛的木材。杉木便當盒會適度吸收水分，靜置乾燥後水分就會散逸，相當適合用來保存米飯。由於年輪生長的秋冬處（秋材）與春夏處（春材）硬度差異很大，加工時需小心謹慎。
刺楸（闊）	B～C	◎	○	湯匙、奶油刀 果醬抹刀、盆 容器、筷架	日本稱作針桐，不硬但有強度，比榆樹要軟一點。「不易翹曲變形所以便於加工。原木色澤好看，染色也漂亮，是非常好用的木料。」
梣木（闊）	B	○	○	湯匙、奶油刀 果醬抹刀、盆	木材中的梣木一般泛指生物學上的水曲柳。硬度適中且具韌性，非常適合作為家具與室內裝潢的材料。木製球棒則是常使用「青梻」品種的梣木。
櫻桃木（闊）	B	○	○	湯匙、奶油刀 果醬抹刀	特指北美櫻樹近親品種的黑櫻桃木，硬度介於樺木和核桃木之間。加工難易度普通，有些木料裡的黑色油脂部分會難以作業。帶紅的木色使得此木料廣受女性歡迎。家具店老闆說：「夫妻挑選餐桌桌面時，妻子通常都會選櫻桃木。」
日本黃楊（闊）	A	△	△	餐叉	質硬且紋路緻密，木色偏黃，光澤美麗，是製作木梳和將棋的材料。「觸感光潔清爽，常被用於作成梳子，所以也適合製成餐叉。」
橡木（闊）	A～B	○	○	湯匙、奶油刀 果醬抹刀、筷子	常用於製作家具，為廣受歡迎的代表性闊葉樹木料。在歐美除了作成威士忌酒桶，亦是製作棺材的用料。比水曲柳硬，但容易用刃物加工，塗裝效果亦佳。
榆木（闊）	B	○	△～○	湯匙、果醬抹刀 砧板	英文elm為統稱，日本木材多指春榆。硬度、加工性、塗裝難易度皆介於水曲柳和刺楸之間。「加工方面算是難易適中。」

（針）：針葉樹

2 硬度

表達木材硬度或強度的值，此外還參考了木工作家們的意見，最後彙整成此資料。

A：硬　B：硬～中

C：中～軟　D：軟

3 加工難易度

所謂加工包括了使用鉋刀刨平、鑿刀雕刻、鋸子切割等多項處理作業。另外，也有用機器可以輕鬆加工，但使用手工具卻很費力的情況。在此將參考所有狀況，給予匯總後的評價。

◎：容易加工。

○：普通。

△：難以加工，十分費力。

4 入手難易度

表示一般個人取得該木材的難易度。

◎：基本上在大型居家修繕中心皆可購得。

○：居家修繕賣場不太會有。不過奇木藝品店或木材行可能買得到邊角料。

△：基本上不在零售市面流通，極難入手。

5 適合製成的器具

本書裡一定會提到作家是使用何種木料製成該用品。除此之外當然還有其他適合的用途，都會一併在此欄羅列出來。

6 特徵、餐具之外的用途、木工作家的建議等

簡介之外，還包含了木工作家基於該木料的實際體會、給予的意見或印象。

1 木材名稱	2 硬度	3 加工難易度	4 獲取難易度	5 適合製成的器具	6 特徵、餐具之外的用途、木工作家的建議（「」內）等
松木（針）	C～D	◎	◎	湯匙、果醬抹刀	國外進口的松木料的總稱。可在居家修繕賣場購得，也是簡易DIY的手作材料。硬度、木質會因產地而有所不同，製作餐具的時候要注意，若作得太細會容易折斷。
★檜木（針）	C～D	◎～○	◎	湯匙、奶油刀 果醬抹刀、筷子	日本針葉樹的代表性木料。可在居家修繕賣場購得，雖然硬度會受年輪影響，但基本上削切容易，抗水性佳，是動手作作看湯匙製作篇的初學者選用材料。
日本山毛櫸（闊）	B	◎～○	○	湯匙、奶油刀 果醬抹刀、筷子	硬度適中又富有彈性，適合作為小孩隨意玩耍也耐受得住的玩具，以及曲木工藝家具。「斑點狀木紋為其特徵，加工容易。感覺上歐美的山毛櫸（Beech）略硬於日本的。」
★日本厚朴（闊）	C	◎	◎～○	砧板、湯匙、 奶油刀、果醬抹刀 容器	質地輕軟卻不太會變形，方便製作纖細的工藝品。刀刃觸感佳又耐切，適合作為砧板，也是刀鞘的主要選材。製鞘師父說：「厚朴可溫柔保護刀刃。」非常適合初學者用於製作木餐具。
楓木（闊）	A～B	△～○	○	湯匙、奶油刀 果醬抹刀	一般是指北美產的硬楓木，為廣受年輕人喜愛的家具材。「感覺比真樺稍硬，韌性若有似無。雖然機械加工並不困難，但使用手工具卻是難以處理的硬度。適合上油塗裝。」
★厚皮香（闊）	A～B	△	△	湯匙、餐叉	木質堅韌緻密，耐用性佳。基本上不在零售市場上流通。木料鋸切後會漸漸呈現紅色，並且隨著時間長久而加深。
日本山櫻（闊）	B	◎～○	○	湯匙、餐叉 奶油刀 果醬抹刀、筷子	具有韌性又不易翹曲變形，易於加工而刀削痕跡不易剝落，所以最適合用於製作版畫。「質地雖硬卻可以順暢削切，導管纖細且分布均勻，不容易積藏食物的髒污。」很適合製作木餐具。

手作良品 99

作・餐具

手造溫暖 木作叉匙碗盤的自然質感日常

作　　者／西川榮明
譯　　者／彭小玲
發 行 人／詹慶和
選 書 人／蔡麗玲
執行編輯／蔡毓玲
編　　輯／劉蕙寧・黃璟安・陳姿伶
執行美輯／陳麗娜・韓欣恬
美術編輯／周盈汝
出 版 者／良品文化館
發 行 者／雅書堂文化事業有限公司

郵政劃撥帳號／18225950
戶　　名／雅書堂文化事業有限公司
地　　址／220新北市板橋區板新路206號3樓
電子信箱／elegant.books@msa.hinet.net
電　　話／(02)8952-4078
傳　　真／(02)8952-4084

2022年11月初版一刷　定價 580元

ZOUHOKAITEISHINBAN TEZUKURI SURU KI NO CUTLERY
© TAKAAKI NISHIKAWA 2017
Originally published in Japan in 2017 by Seibundo Shinkosha Publishing Co., Ltd.
Traditional Chinese translation rights arranged with Seibundo Shinkosha Publishing Co., Ltd.
through TOHAN CORPORATION, and Keio Cultural Enterprise Co., Ltd.

經銷／易可數位行銷股份有限公司
地址／新北市新店區寶橋路235巷6弄3號5樓
電話／(02)8911-0825
傳真／(02)8911-0801

國家圖書館出版品預行編目資料(CIP)資料

作・餐具：手造溫暖 木作叉匙碗盤的自然質感日常/
西川榮明著；彭小玲譯. -- 初版. -- 新北市：良品文化
館出版：雅書堂文化事業有限公司發行, 2022.11
面；　公分. -- (手作良品；99)
ISBN 978-986-7627-49-0 (平裝)

1.CST: 木工 2.CST: 餐具

474　　111012668

西川榮明（Nishikawa Takaaki）

1955年出生於神戶市。編輯、作家、椅子研究家。除了製作椅凳和家具之外，亦廣泛從事森林、木材，乃至工藝品與手作等樹木相關主題的編輯與執筆。
主要著作有《作・食器：打造手感溫潤、賞心悅目的木作器皿》、《作・椅子：親手打造優美舒適的手工木椅》、《増補改訂 一生つきあえる木の家具と器　関西の木工家28人の工房から》、《一生ものの木の家具と器　東海・北陸の木工家25人の工房から》、《増補改訂 名作椅子の由来図典》、《木の匠たち》（以上為誠文堂新光社出版）、《日本の森と木の職人》（ダイヤモンド社出版）、《樹木と木材の図鑑―日本の有用種101》（創元社出版）等。
共同著作有《原色 木材加工面がわかる樹種事典》、《漆塗りの技法書》、《ウィンザーチェア大全》、《Yチェアの秘密》（以上為誠文堂新光社出版）、《木育の本》（北海道新聞社出版）等。

Staff

攝影／加藤正道、亀畑清隆、楠本夏彥、山口祐康、渡部健五
書籍裝幀&設計／望月昭秀＋境田真奈美（NILSON design studio）

ご来店ありがとうございます。

ご来店ありがとうございます。